工业机器人操作与应用

主　编　李春勤　赵振铎
副主编　王立辉　李　刚　孙善帅
　　　　李　涛　孙　磊
编　委　李　峰　程麒文　李　慧
　　　　葛平海

北京理工大学出版社
BEIJING INSTITUTE OF TECHNOLOGY PRESS

内容简介

本书根据国家最新的职业教育教学改革要求，结合 1+X 职业技能等级考核标准及工业机器人产业岗位需求，由职业院校骨干教师联合企业技术人员共同编写。全书分为 5 个项目，主要内容包括工业机器人认知，ABB 工业机器人基础操作，ABB 工业机器人 I/O 通信，涂胶轨迹单元设计与实现，搬运码垛、焊接单元设计与实现。

本书可作为职业院校工业机器人技术应用专业、智能设备运行与维护专业及其他相关专业的教材，也可作为有关工程技术人员的参考资料及相关企业的培训用书。

版权专有 侵权必究

图书在版编目（CIP）数据

工业机器人操作与应用 / 李春勤，赵振铎主编 . —北京：北京理工大学出版社，2021.9
ISBN 978-7-5763-0314-8

Ⅰ.①工… Ⅱ.①李…②赵… Ⅲ.①工业机器人—操作 Ⅳ.① TP242.2

中国版本图书馆 CIP 数据核字（2021）第 184697 号

出版发行 / 北京理工大学出版社有限责任公司
社　　址 / 北京市海淀区中关村南大街 5 号
邮　　编 / 100081
电　　话 /（010）68914775（总编室）
　　　　　（010）82562903（教材售后服务热线）
　　　　　（010）68944723（其他图书服务热线）
网　　址 / http://www.bitpress.com.cn
经　　销 / 全国各地新华书店
印　　刷 / 定州市新华印刷有限公司
开　　本 / 889 毫米 × 1194 毫米　1/16
印　　张 / 9
字　　数 / 182 千字
版　　次 / 2021 年 9 月第 1 版　2021 年 9 月第 1 次印刷
定　　价 / 35.00 元

责任编辑 / 陆世立
文案编辑 / 陆世立
责任校对 / 周瑞红
责任印制 / 李志强

图书出现印装质量问题，请拨打售后服务热线，本社负责调换

一、本书的编写背景

工业机器人技术是衡量一个国家制造业水平和科技水平的重要标志。目前,我国制造业正处于加快转型升级的重要时期,发展以工业机器人为主体的机器人产业,正是解决我国产业成本上升及环境制约问题的重要途径。

工业机器人广泛应用于工业生产的各大领域,随着物联网和5G技术向各行业的快速渗透,工业机器人的应用领域将不断扩展,由此也将带来巨大的人才需求。ABB工业机器人作为世界领先的工业机器人品牌,在相关应用领域占有较大的市场份额。

为了使学生熟练掌握ABB工业机器人的基本应用和现场编程操作,快速投入工作岗位,我们根据各大企业实际的岗位需求,结合职业教育的教学特点,精心编写了本书。

二、本书的主要内容

工业机器人是典型的机电一体化装备,同时也是计算机技术及人工智能发展的产物。其技术附加值高、应用范围广,作为先进制造业的支撑技术和信息化社会的新兴产业,将对未来生产和社会发展起到越来越重要的作用。

本书包含工业机器人认知,ABB工业机器人基础操作,ABB工业机器人I/O通信,涂胶轨迹单元设计与实现,搬运码垛、焊接单元设计与实现5个项目。

三、本书的编写特点

1. 校企合作,工学结合

我们通过与企业技术专家的合作,将理论知识和岗位要求有机融合,根据企业的生产实际设计任务实施,从而使本书内容紧贴企业实际生产需要。

2. 逻辑清晰,步骤明确

本书融入1+X标准,以典型工作任务为载体,以学生为中心,以"任务式驱动、技能型学习"为宗旨,依照操作的复杂程度和先后关系设置了一系列学习项目。每个项目又分为若干任务,每个任务先通过具体情境引发学生思考,再介绍相关理论知识,然后开展任务实施,最后进行自我测评,符合职业院校学生的学习规律。本书在讲解ABB工业机器人现场编程的各种操作时，给出了明确的操作步骤，并对重要步骤或疑点做出了解释说明，力求做到不留疑惑，学必精通。

3. 版面精美，版块多元

本书版面精美，赏心悦目。内容上做到图文结合，基本操作步骤都配有实操图片，使学生易学易懂。

4. 辅以微课，轻松学习

为了使学生更直观地了解ABB工业机器人相关操作，轻松掌握操作方法，我们结合任务实施的具体内容，在书中配置了大量的微课视频，学生可直接扫描书中的二维码观看。

四、本书的编写团队

本书由日照市科技中等专业学校李春勤、赵振铎担任主编，负责全书的整体设计、内容选定和统稿；日照市科技中等专业学校王立辉、李刚、孙善帅、李涛，中德应用技术学校孙磊担任副主编，负责资料收集和任务单设计；青岛职业技术学院李峰、日照职业技术学院程麒文、北京华航唯实机器人科技股份有限公司李慧、山东五征集团有限公司葛平海参与编写。日照职业技术学院、青岛职业技术学院、北京华航唯实机器人科技股份有限公司、山东五征集团有限公司的教师和工程师对本书的编写提出了诸多建设性建议，并提供了许多来自一线的案例和数据。

在本书的编写过程中，我们参考了大量的文献资料，在此向这些资料的作者表示衷心的感谢！由于编者水平有限，书中难免存在疏漏之处，敬请广大读者批评指正。

编　者

目录 Contents

项目一　工业机器人认知 ··· 1
　　任务一　了解工业机器人及其发展趋势 ····································· 1
　　任务二　认识 ABB 工业机器人及编程 ······································ 10

项目二　ABB 工业机器人基础操作 ······································· 16
　　任务一　认识与操作 ABB 工业机器人的示教器 ····························· 17
　　任务二　备份与恢复 ABB 工业机器人数据 ································· 24
　　任务三　手动操纵 ABB 工业机器人 ······································· 29
　　任务四　更新 ABB 工业机器人转数计数器 ································· 35
　　任务五　建立 ABB 工业机器人基本程序数据 ······························· 40
　　任务六　建立 ABB 工业机器人 3 个关键程序数据 ·························· 45

项目三　ABB 工业机器人 I/O 通信 ······································· 55
　　任务一　配置 ABB 标准 I/O 板 ·· 55
　　任务二　关联 I/O 信号 ··· 67

项目四　涂胶轨迹单元设计与实现 ······································· 73
　　任务一　工业机器人涂胶工具的拾取与放置 ································ 74
　　任务二　工业机器人圆形涂胶轨迹任务设计与实现 ·························· 86
　　任务三　工业机器人定制涂胶轨迹任务设计与实现 ·························· 93

项目五 搬运码垛、焊接单元设计与实现 ……………………………………… 103

任务一 工业机器人基础码垛任务设计与实现 ………………………………… 104
任务二 工业机器人定制码垛任务设计与实现 ………………………………… 109
任务三 焊接实训单元设计与实现 ……………………………………………… 116

参考文献 …………………………………………………………………………… 125

附录 RAPID 程序指令与功能简述 …………………………………………… 126

项目一

工业机器人认知

工业机器人是典型的机电一体化装备，同时也是计算机技术及人工智能发展的产物。其技术附加值高、应用范围广，作为先进制造业的支撑技术和信息化社会的新兴产业，将对未来生产和社会发展起到越来越重要的作用。

本项目将带领大家了解工业机器人的基础知识，并对工业机器人的分类、发展趋势、系统构成，ABB 工业机器人及其编程方式做简单介绍。

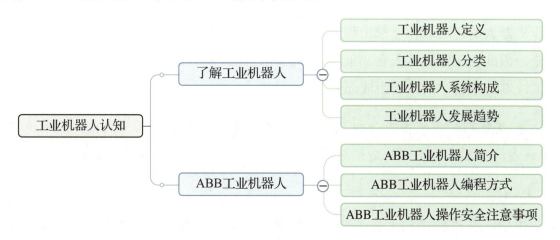

任务一 了解工业机器人及其发展趋势

 **任务情景导入**

我们常在电影、动画中见到机器人，有像终结者、阿拉蕾、阿童木等的人形机器人，也有像哆啦A梦、WALL.E 等的一些与人类外貌迥异的机器人。那么你见过工业机器人吗？工业机器人与我们平常熟知的机器人相比，有什么特殊的地方呢？

 **任务目标**

1. 了解工业机器人的定义及特点
2. 熟悉工业机器人的分类方法
3. 了解工业机器人的发展趋势
4. 提升对工业机器人的学习兴趣

 相关知识

一、工业机器人的定义及特点

"工业机器人"一词最早由《美国金属市场报》于 1960 年提出,后经美国机器人工业协会定义为"用来进行自动搬运机械部件或工件的、可编程序的多功能操作器,或通过改变程序可以自动完成各种工作的特殊机械装置。"目前,这一定义已被国际标准化组织所采纳。

工业机器人有以下几个特点。

1. 可编程

工业机器人的运动和作业都由程序进行控制,且控制程序可随工作环境的变化和生产的需要改变。因此,工业机器人在小批量、多品种、高效率的柔性制造系统中能发挥很好的作用,是柔性制造系统中的重要组成部分。

> 提示:柔性制造系统由多个加工设备和一个传输系统组成,工件通过传输系统被送到各加工设备进行加工。柔性制造系统可使工件的加工更加准确、迅速和自动化。

2. 拟人化

工业机器人在机械结构上有类似人的大臂、小臂、手腕、手爪等部分,通过类似于人类大脑的计算机来控制其运动。此外,智能化工业机器人还有许多"生物传感器",如皮肤型接触传感器、力传感器、负载传感器、视觉传感器、声觉传感器等,这些传感器提高了工业机器人对周围环境的自适应能力。

3. 通用性

除了专门设计的专用工业机器人外,一般工业机器人在执行不同的作业任务时具有较好的通用性,只需更换其末端执行器(手爪、工具等)和重新编程即可。

4. 涉及学科广泛

工业机器人技术涉及机械学、微电子学和计算机学等学科。目前,智能工业机器人不仅具有获取外部环境信息的各种传感器,而且还融合了记忆、语言理解、图像识别、推理判断等人工智能技术，这些都与微电子技术，特别是计算机技术的应用密切相关。因此，工业机器人技术的发展必将带动其他技术的发展，同时工业机器人技术的发展和应用水平也可以验证一个国家科学技术和工业技术的发展水平。

二、工业机器人的分类

工业机器人的分类方式有很多，一般可以按用途、机械结构等进行分类。其按用途可以分为搬运机器人、喷涂机器人、焊接机器人和装配机器人等。其按机械结构（坐标形式）可分为串联机器人与并联机器人。本书主要介绍工业机器人按机械结构进行的分类。

（一）串联机器人

串联机器人采取开式运动链，它是由一系列连杆通过转动关节或移动关节串联而成，如图1-1所示。关节由驱动器驱动，关节的相对运动带动连杆运动，使手爪到达一定的位姿。

串联机器人的机构运动特征是用其坐标特性来描述的。按基本动作机构的不同，串联机器人通常可分为柱坐标机器人、球坐标机器人、笛卡尔坐标机器人和多关节机器人。

1. 柱坐标机器人

当水平臂或杆架安装在一垂直柱上，而该柱又安装在一个旋转基座上，这种结构的机器人可称为柱坐标机器人，如图1-2所示。

其运动特点如下：

（1）手臂可伸缩（沿 r 方向）；

（2）滑动架（或托板）可沿柱上下移动（z 轴方向）；

（3）水平臂和滑动架组合件可作为基座上的一个整体而旋转（绕 z 轴）。

图1-1 串联机器人

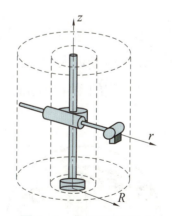

图1-2 柱坐标机器人

2. 球坐标机器人

球坐标机器人的空间位置分别由旋转、摆动和平移3个自由度确定，如图1-3所示。由于机械和驱动连线的限制，机器人的工作包络范围是球体的一部分。

其运动特点如下：

（1）手臂可伸出缩回范围为R，类似于可伸缩的望远镜套筒；

（2）在垂直面内绕β轴旋转；

（3）在基座水平内转动角度为θ。

3. 笛卡尔坐标机器人

笛卡尔坐标机器人也称为直角坐标机器人，是结构最简单的串联机器人，其机械手的连杆按线性方式移动。它按结构样式可分为两类：悬臂笛卡尔式和门形笛卡尔式，分别如图1-4（a）、图1-4（b）所示。

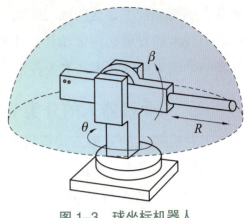

图1-3　球坐标机器人

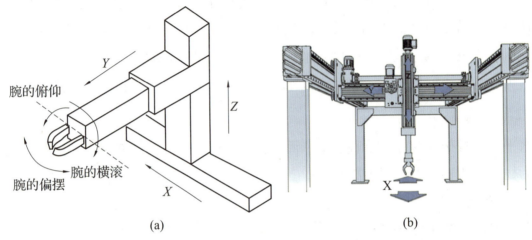

图1-4　两种笛卡尔坐标机器人

（a）悬臂笛卡尔坐标机器人；（b）门形笛卡尔坐标机器人

4. 多关节机器人

多关节机器人由多个旋转和摆动机构组合而成，如图1-5所示。这类机器人结构紧凑、工作空间大、动作最接近人的动作，对涂装、装配、焊接等多种作业都有良好的适应性，应用范围越来越广。它的动作空间的形状有3种：纯球状、平面四边形球状、圆柱状。

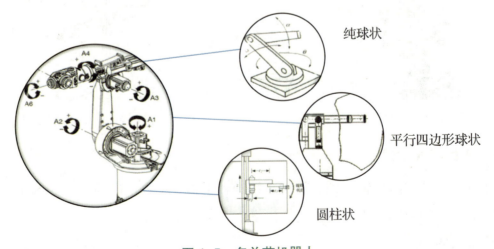

图1-5　多关节机器人

1）纯球状

优点：机械臂可以够着机器人基座附近的地方，并可越过其工作范围内的人和障碍物。

2）平行四边形球状

优点：

（1）允许关节驱动器位置靠近机器人的基座或装在机器人的基座上；

（2）刚度比其他大多数机器人大。

缺点：与纯球状多关节机器人的工作范围相比，受到较大限制。

3）圆柱状

优点：精密且快速。

缺点：一般垂直作用范围有限（z方向）。

（二）并联机器人

并联机器人可以定义为动平台和定平台通过至少两个独立的运动链相连接，机构具有两个或两个以上自由度，且以并联方式驱动的一种闭环机器人。

按照自由度的不同，可将并联机构分为以下几类：两自由度并联机构、三自由度并联机构、四自由度并联机构、五自由度并联机构、六自由度并联机构。

1. 两自由度并联机构

图1-6是球面两自由度5R对称并联机构，由5个转动副首尾相连，5个转动副的轴线汇交于一点（转动中心），这种机构的输出参考点具有沿球面移动的2个自由度。

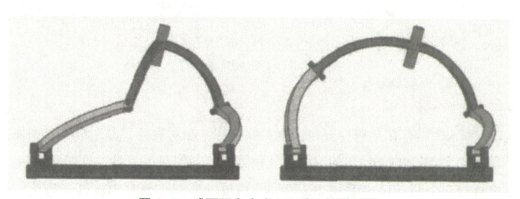

图1-6　球面两自由度5R对称并联机构

2. 三自由度并联机构

三自由度并联机构如图1-7所示，一般可分为以下5类。

（1）平面三自由度并联机构。

（2）球面三自由度并联机构。

（3）三自由度移动并联机构。

（4）空间三自由度并联机构。

（5）还有一类是增加辅助杆件和运动副的空间机构，如德国汉诺威大学研制的并联机床采用的 3-UPS-1-PU 球坐标式三自由度并联机构。

3. 四自由度并联机构

如图 1-8 所示，四自由度并联机构大多不是完全并联机构，如 2-UPS-1-RRRR 机构，动平台通过 3 个支链与定平台相连，有 2 个运动链是相同的，各具有 1 个虎克铰 U、1 个移动副 P。由于 P 和其中一个的 R 是驱动副，因此这种机构不是完全并联机构。

图 1-7 三自由度并联机构

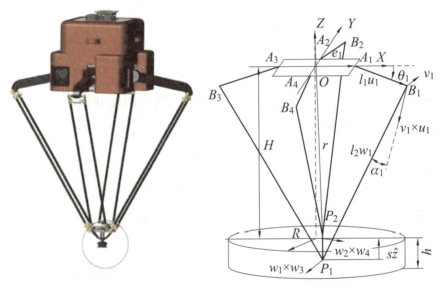

图 1-8 四自由度并联机构

4. 五自由度并联机构

国际上一直认为不存在全对称五自由度并联机构。相对而言，非对称五自由度并联机构比较容易得到。Lee 和 Park 在 1999 年提出一种结构复杂的双层五自由度并联机构，Jin 等在 2001 年提出具有 3 个移动自由度和 2 个转动自由度的非对称五自由度并联机构，高峰等在 2002 年通过给六自由度并联机构添加一个五自由度约束分支的方法，综合出两种五自由度并联机构。

5. 六自由度并联机构

六自由度并联机构是国内外学者研究得最多的并联机构，广泛应用在飞行模拟器、六维力与力矩传感器和并联机床等领域。但这类机构有很多关键性技术没有或没有完全得到解决，如其运动学正解、动力学模型的建立以及并联机床的精度标定等。

三、工业机器人的系统构成

工业机器人通常由机械结构系统、驱动系统和控制系统组成，如图1-9所示。

1. 机械结构系统

工业机器人的机械结构系统主要由末端执行器、手腕、手臂、腰部和基座组成。

1）末端执行器

末端执行器是机器人直接用于抓取和握紧（或吸附）工件或夹持专用工具（如喷枪、扳手、焊接工具）进行操作的部件，它具有模仿人手动作的功能，安装于机器人手臂的前端。

图1-9 工业机器人系统构成

末端执行器大致可分为以下几类：

（1）夹钳式取料手；

（2）吸附式取料手；

（3）专用操作器及转换器；

（4）仿生多指灵巧手。

2）手腕

手腕是连接末端执行器和手臂的部件，它的作用是调整或改变工件的方位，因此具有独立的自由度，以使机器人末端执行器适应复杂的动作要求。

3）手臂

手臂是机器人执行机构中重要的部件，它的作用是将被抓取的工件运送到给定的位置上。

4）腰部和基座

腰部又称立柱，是支撑手臂的部件，其作用是带动手臂运动，可以在基座上转动，也可以与基座制成一体。其与手臂运动结合，把手腕传递到指定的工作位置。

基座是机器人的基础支持部分，起支撑作用，有固定式和移动式两种。整个执行机构和驱动装置都是安装在基座上的，所以基座必须具有足够的刚度、强度和稳定性。

2. 驱动系统

工业机器人的驱动系统包括传动机构和驱动装置两部分，它们通常与机械结构连成机器人本体。

传动机构能够带动机械结构系统产生运动，常用的传动机构有谐波减速器、滚珠丝杆、链、皮带以及各种齿轮系。

驱动装置是驱使工业机器人机械结构系统运动的机构，按照控制系统发出的信号指令，借助动力元件使机器人产生动作，相当于人类的肌肉、筋络，通常有电动机驱动（包括直流伺服电动机、步进电动机、交流伺服电动机），液压驱动和气动驱动。

3. 控制系统

控制系统相当于机器人的"大脑"。要有效地控制工业机器人，它的控制系统必须具备示教再现功能和运动控制功能，这也是工业机器人控制系统所必需的基本功能。

示教再现功能是指在执行新的任务之前，预先将作业的操作过程示教给工业机器人，然后让工业机器人再现示教的内容，以完成作业任务。

运动控制功能是指对工业机器人末端执行器的位姿、速度、加速度等的控制。

工业机器人的控制系统主要包括硬件和软件两个方面，如图 1-10 所示。

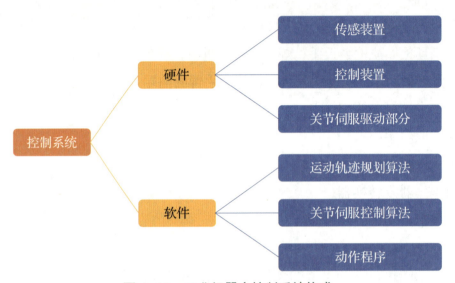

图 1-10　工业机器人控制系统构成

工业机器人控制系统的硬件主要由以下 3 个部分组成。

（1）传感装置：分为内部传感器和外部传感器。内部传感器主要用以检测工业机器人各关节的位置、速度和加速度等，即感知其本身的状态；外部传感器就是所谓的视觉、力觉、触觉、听觉、滑觉等传感器，它们可使工业机器人感知工作环境和工作对象的状态。

（2）控制装置：用于处理各种感觉信息，执行控制软件，产生控制指令，一般由一台微型或小型计算机及相应的接口组成。

（3）关节伺服驱动部分：根据控制装置的指令，按作业任务的要求驱动各关节运动。

软件主要是指控制软件，它包括运动轨迹规划算法、关节伺服控制算法及相应的动作程序。控制软件可以用任何语言来编制，但由通用语言模块化编制形成的专用工业机器人控制软件越来越成为工业机器人控制软件的主流。

四、工业机器人发展趋势

工业机器人作为 20 世纪人类伟大的发明之一，自问世以来，从简单工业机器人到智能工业机器人，其技术发展已取得长足进步。从近几年推出的产品来看，工业机器人的发展趋势主要有以下 6 点。

1. 高性能

工业机器人正向高速度、高精度、高可靠性、便于操作和维修等方向发展，且单机价格不断下降。

2. 机械结构模块化、可重构化

目前，工业机器人关节模块中的伺服电动机、减速机、检测系统已实现三位一体化。关节模块、连杆模块可通过重组方式构造机器人整机。国外已有模块化装配的工业机器人产品问世。

3. 本体结构更新加快

随着技术的进步，工业机器人本体结构近10年来发展变化很快。以安川MOTOMAN机器人产品为例，早期L系列机器人的产品生命周期为10年，随后的K系列机器人的产品生命周期为5年，到了SK系列机器人，其产品生命周期则只有3年。

4. 控制技术的开放化、PC化和网络化

控制系统向基于PC的开放型控制器方向发展，便于标准化、网络化，提高了器件集成度，并缩小了控制柜体积。

5. 多传感器融合技术的实用化

工业机器人传感器的作用日益重要，除了安装传统的位置、速度、加速度传感器以外，装配、焊接机器人还应用了视觉、力觉等传感器，而遥控机器人则采用视觉、声觉、力觉、触觉等多传感器的融合技术来进行环境建模及决策控制。多传感器融合配置技术在工业机器人中已有成熟的应用。

6. 多智能体协调控制技术

多智能体协调控制技术是目前工业机器人研究的一个崭新领域，它主要针对多智能体的群体体系结构、相互间的通信与磋商机理、感知与学习方法、建模与规划、群体行为控制等方面进行研究。

任务实施

资料1：富士康作为全球最大的3C产品代工厂，在中国有30多个科技工业园区。早在2011年，富士康集团便开始计划在未来一段时间内，以100万台工业机器人代替现有的工人工作。2013年，富士康集团全年营收约为2 500亿元，全球员工总数超过120万人。而到2017年，富士康集团全年的营收增加到了3 545亿元，但是员工总数却不增反降，变为98.8万人。

资料2：有研究表明，在许多发达国家，工业机器人存量和制造业就业比例呈现正相关关系。也就是说，工业机器人自动化运用的增长与就业增长是同时呈现的。在我国，2010—

2015年的工业机器人存量增速为390.5%，全国就业人数不但没有下降，反而从2010年的76 105万人上升至2015年的77 451万人。

讨论：想一想在上述两份资料中，为什么工业机器人的普及会对人们的就业产生两种截然相反的影响？将你的答案写在下方横线处，并与同学相互讨论。

_____

_____

_____

_____

 任务测评

对本任务的知识掌握与技能运用情况进行测评，并将结果填入表1-1内。

表1-1 任务测评表

项目	序号	测评内容	自我评价	教师评价
基本素养 （30分）	1	无迟到、无早退、无旷课（10分）		
	2	团结协作能力、沟通能力（10分）		
	3	安全规范操作（10分）		
知识掌握与 技能运用 （70分）	1	正确说出工业机器人的定义和特点（30分）		
	2	正确分辨不同种类的工业机器人（20分）		
	3	正确说出工业机器人的发展趋势（20分）		
综合评价				

任务二　认识ABB工业机器人及编程

 任务情景导入

小张毕业后进入一家汽车制造工厂上班。走进生产车间后，他发现流水线上的工业机器人都是ABB这个品牌的。小张在学校接触库卡、发那科等品牌的工业机器人较多，对ABB工业机器人还感到十分陌生。那ABB公司是怎样的一个公司，ABB工业机器人又有什么特点呢？

项目一 工业机器人认知

任务目标

1. 熟悉ABB工业机器人的常用型号、特点及应用
2. 熟悉ABB工业机器人的编程方式
3. 掌握ABB工业机器人操作安全注意事项
4. 树立ABB工业机器人安全操作意识

相关知识

一、ABB工业机器人简介

ABB公司由瑞典的阿西亚（ASEA）公司和瑞士的布朗勃法瑞（BBC Brown Boveri）公司合并而成。公司总部位于瑞士苏黎世，是世界上最大的工业机器人制造公司，全球累计装机量30余万台。

目前，ABB公司制造的工业机器人可用于焊接、装配、铸造、密封/涂胶、包装、码垛、喷漆和水切割等多种工艺。

ABB工业机器人的常用型号主要有以下4种。

1. IRB 120机器人

IRB 120机器人与其配套的机器人控制柜型号IRC5如图1-11所示。

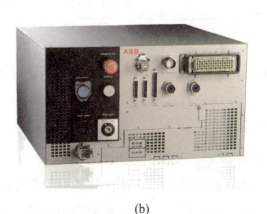

(a) (b)

图1-11 IRB 120机器人及其控制柜
（a）IRB120机器人；（b）IRC5控制柜

IRB 120机器人是迄今体积最小的多用途机器人，已经获得国际认证协会（International Profession Certification Association，IPA）"ISO5级洁净室（100级）"的达标认证，能够在严苛的洁净室环境中充分发挥优势。该机器人本体的安装角度不受任何限制；机身表面光洁，便于清洗；空气管线与用户信号线缆从底脚至手腕全部嵌入机身内部，易于机器人集成。由于出色的便携性与集成性，IRB 120机器人成为同类产品中的佼佼者，

其相关参数如表 1-2 所示。

表 1-2 IRB120 机器人参数

规格参数			
轴数	6	防护等级	IP30
有效载荷	3 kg	安装方式	落地式
到达最大距离	0.58 m	机器人底座规格	180 mm × 180 mm
机器人重量	25 kg	重复定位精度	0.01 mm
运动性能及范围			
轴序号	动作范围		最大速度
1 轴	回转：+165° ~ -165°		250°/s
2 轴	立臂：+110° ~ -110°		250°/s
3 轴	横臂：+70° ~ -90°		250°/s
4 轴	腕俯仰：+160° ~ -160°		360°/s
5 轴	腕摆动：+120° ~ -120°		360°/s
6 轴	腕旋转：+400° ~ -400°		420°/s

2. IRB 1410 机器人

IRB 1410 机器人如图 1-12 所示，主要应用于弧焊、装配、物料搬运、涂胶等方面，其性能卓越，经济效益高。

其主要特点如下。

1）可靠性好，坚固且耐用

IRB 1410 机器人以其坚固可靠的结构而著称，而由此带来的其他优势是噪声低，例行维护间隔时间长，使用寿命长。

2）稳定、可靠，使用范围广

IRB 1410 机器人具有卓越的控制水平，精度达 0.05 mm，确保了出色的工作质量。该机器人工作范围大、到达距离长（最长 1.44 m）、结构紧凑、手腕极为纤细，即使在条件苛刻、限制颇多的场所，仍能实现高性能操作。其承重能力为 5 kg，上臂可承受 18 kg 的附加载荷。

图 1-12　IRB 1410 机器人

3）高速，较短的工作周期

IRB 1410 机器人本体坚固，配备快速精准的 IRC5 控制器，可有效缩短工作周期，提高生产率。

4）专为弧焊设计

IRB 1410 机器人采用优化设计，设送丝机走线安装孔，为机械臂搭载工艺设备提供便利。标准 IRC5 机器人控制器内置各项人性化弧焊功能，可通过示教器进行操控。

3. IRB 1600ID 机器人

IRB 1600ID 机器人如图 1-13 所示，主要应用于弧焊方面。该机器人线缆包供应弧焊所需的全部介质，包括电源、焊丝、保护气和压缩气体。

4. IRB 360 机器人

IRB 360 机器人如图 1-14 所示，主要应用于装配、物料搬运、拾放料、包装等方面，是实现高精度拾放料作业的第二代机器人解决方案，具有操作速度快、有效载荷大、占地面积小等特点。

图 1-13　IRB 1600ID 机器人

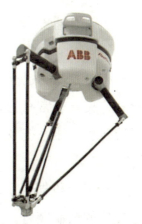

图 1-14　IRB 360 机器人

二、ABB 工业机器人编程方式

ABB 工业机器人的编程方式一般分为现场编程和离线编程两种。

1. 现场编程

ABB 工业机器人的现场编程主要通过示教器示教的方式实现。操作人员通过示教器编辑工业机器人的作业程序并将其存储在系统中，之后工业机器人便可以调用这些程序不断地完成相同的作业过程。现场编程简单易学，适用于加工任务复杂度低，工件几何形状简单的场合。

2. 离线编程

ABB 工业机器人的离线编程是指利用 ABB 公司研发的 RobotStudio 软件，对工业机器人进行建模、编程和仿真。RobotStudio 软件与 ABB 工业机器人在实际生产中运行的软件完全一致，所用程序和配置文件也完全相同。通过 RobotStudio 软件进行离线编程，如同将真实的工业机器人搬到普通计算机之中。离线编程适用于加工任务复杂的场合。

三、ABB 工业机器人操作安全注意事项

1. 操作安全知识

1）工作中的安全

虽然工业机器人速度慢，但是它很重并且力度很大，因此有一定的危险性。即使可以预测工业机器人的运动轨迹，但外部信号有可能改变操作，其会在没有任何警告的情况下，产生预想不到的运动。因此，当进入工业机器人的保护空间（活动空间）时，要务必遵循以下安全条例。

（1）如果在保护空间内有工作人员，请手动操作工业机器人系统。

（2）当进入保护空间时，请准备好示教器，以便随时控制工业机器人。

（3）注意旋转或运动的工具，如切削工具和锯，确保在接近工业机器人之前，这些工具已经停止运动。

（4）注意工件和工业机器人系统的高温表面（工业机器人电动机长期运转后温度会很高）。

（5）注意检查夹具是否已夹好工件。如果夹具打开，工件会脱落并可能导致人身伤害或设备损坏。此外，夹具非常有力，如果不按照正确方法操作，也可能会导致人身伤害。

（6）注意液压、气压系统及带电部件。即使断电，这些电路上的残余电量也很危险。

2）示教器的安全

示教器是进行工业机器人手动操纵、程序编写、参数配置以及监控用的手持装置，也是操作人员经常使用的控制装置。为避免操作不当引起其故障或损害，请在操作时遵循以下安全条例。

（1）小心操作。不要摔打、抛掷或重击示教器，这样会导致其破损或故障。在不使用该设备时，应将它挂到专门的存放支架上，以防意外掉到地上。

（2）在使用和存放示教器时应避免踩踏电缆。

（3）切勿使用锋利的物体（如螺钉、刀具或笔尖）操作示教器的触摸屏，这样可能会使触摸屏受损。操作人员应用手指或触摸笔去操作示教器触摸屏。

（4）定期清洁示教器的触摸屏，因为灰尘和小颗粒可能会挡住屏幕，甚至引起故障。

（5）切勿使用溶剂、洗涤剂或擦洗海绵清洁示教器，应使用软布蘸少量水或中性清洁剂清洁。

（6）示教器在没有连接 USB 设备时，必须盖上 USB 端口的保护盖，避免端口暴露到灰尘中发生故障。

2. 紧急情况处理措施

1）紧急停止

紧急停止优先于任何其他的控制操作，它会断开工业机器人电动机的驱动电源，停止所有运转部件，并切断由工业机器人系统控制且存在潜在危险的功能部件的电源。出现下列情况时请立即按下"急停"按钮。

（1）工业机器人运行时，工作区域内有工作人员。

（2）工业机器人伤害了工作人员或损伤了机器设备。

2）灭火

当电气设备（如工业机器人或控制器）起火时，应使用二氧化碳灭火器灭火，切勿使用水或泡沫灭火器灭火。

任务实施

在指导老师的带领下，观察学校工业机器人实验室及仿真实验室，了解实验室内 ABB 工业机器人的型号、特点和应用。

任务测评

对本任务的知识掌握与技能运用情况进行测评，并将结果填入表 1-3 内。

表 1-3 任务测评表

项目	序号	测评内容	自我评价	教师评价
基本素养 （30分）	1	无迟到、无早退、无旷课（10分）		
	2	团结协作能力、沟通能力（10分）		
	3	安全规范操作（10分）		
知识掌握与 技能运用 （70分）	1	正确说出 ABB 工业机器人的常用型号、特点及其应用（30分）		
	2	正确说出 ABB 工业机器人的编程方式（20分）		
	3	正确说出 ABB 工业机器人操作安全注意事项（20分）		
综合评价				

项目二

ABB工业机器人基础操作

工业机器人操作人员通过示教器对工业机器人下达各种指令，使其完成焊接车身、灌装饮料、搬运物品等工作任务。这些任务往往有着复杂的操作流程，但无论流程有多复杂、多难以理解，它都是由各种基本的、简单的操作组合起来的。

本项目主要介绍ABB工业机器人的基本操作，包括认识与操作ABB工业机器人示教器、备份与恢复ABB工业机器人数据、手动操纵ABB工业机器人、更新ABB工业机器人转数计数器、建立ABB工业机器人基本程序数据以及建立ABB工业机器人3个关键程序数据等内容。

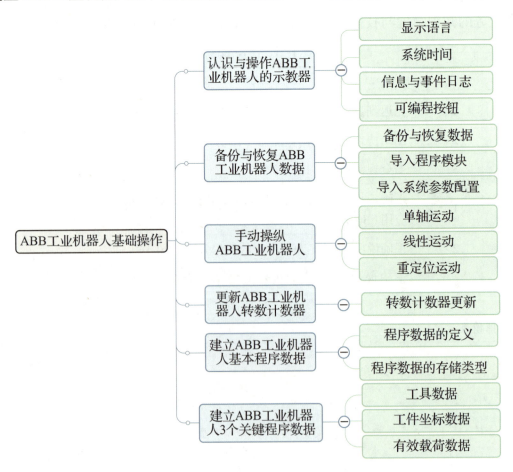

任务一　认识与操作 ABB 工业机器人的示教器

任务情景导入

要操作 ABB 工业机器人，就必须熟悉 ABB 工业机器人示教器的使用方法。操作员小王想通过示教器进行编程，突然发现示教器屏幕上是英文显示，这给之后的很多操作都带来不便。于是小王向师傅老李求助如何将示教器的显示语言调成中文。

任务目标

1. 熟悉 ABB 工业机器人示教器的组成
2. 熟悉 ABB 工业机器人示教器的手持方法
3. 熟悉"使能器"按钮的功能
4. 掌握设置 ABB 工业机器人示教器的显示语言和系统时间的方法
5. 掌握查看 ABB 工业机器人的常用信息与事件日志的方法
6. 掌握设置示教器可编程按钮的方法
7. 具备 ABB 工业机器人安全操作素养

示教器的组成及初始界面认知

相关知识

一、示教器的组成

如图 2-1 所示，示教器主要由连接电缆、触摸屏、"急停"按钮、手动操作摇杆、数据备份用 USB 接口、"使能器"按钮、触摸屏用笔和"示教器复位"按钮等组成。

示教器上的硬件按钮如图 2-2 所示，其功能如表 2-1 所示。

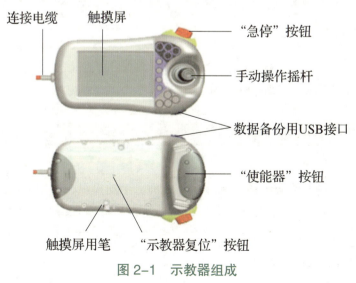

图 2-1　示教器组成

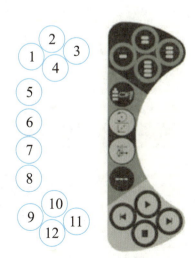

图 2-2　示教器上的硬件按钮

表2-1 示教器硬件按钮的功能

序号	功能
1~4	可编程按钮，可由操作人员配置某些特定功能，以简化编程和测试
5	选择机械单元
6	切换运动模式（重定位或线性）
7	切换运动关节轴（轴1~3或轴4~6）
8	切换增量
9	"步退"按钮，使程序后退一步
10	"起动"按钮，开始执行程序
11	"步进"按钮，使程序前进一步
12	"停止"按钮，停止程序执行

二、示教器初始界面的认知

示教器触摸屏的初始界面如图2-3所示，各部分的名称及功能说明如表2-2所示。

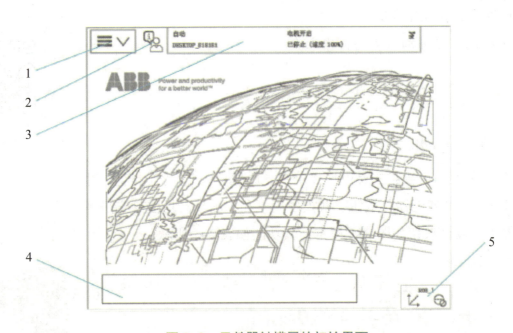

图2-3 示教器触摸屏的初始界面

表2-2 初始界面各部分的名称及功能说明

序号	名称	功能说明
1	菜单栏	包括HotEdit、备份与恢复、输入和输出、校准、手动操纵、控制面板、自动生产窗口、事件日志、程序编辑器、FlexPendant资源管理器、程序数据、系统信息等
2	操作员窗口	显示来自工业机器人程序的消息

续表

序号	名称	功能说明
3	状态栏	显示与系统状态有关的重要信息,如操作模式、电动机起动/关闭、程序状态等
4	任务栏	通过 ABB 菜单可以打开多个视图,但一次只能操作一个;任务栏显示所有打开的视图,并可用于视图切换
5	快速设置菜单	包含对微动控制和程序执行进行的设置

三、示教器的手持方法

操作示教器时,右利手者通常左手持设备,四指按在"使能器"按钮上,右手在触摸屏上操作,如图 2-4(a)所示;而左利手者可以将显示器旋转 180°,使用右手持设备,左手在触摸屏上操作,如图 2-4(b)所示。

图 2-4　示教器的手持方法
(a) 右利手者的手持方法;(b) 左利手者的手持方法

四、"使能器"按钮的功能

"使能器"按钮是为保证工业机器人操作人员的人身安全而设置的。"使能器"按钮分为两挡,在手动状态下按至第一挡,工业机器人将处于电动机开启状态;按至第二挡后,工业机器人又会处于防护装置停止状态。当发生危险时,操作人员会本能地将"使能器"按钮松开或按紧(第二挡),此时工业机器人会马上停下来,保证操作人员安全。

任务实施

一、设置示教器显示语言

示教器出厂时的默认显示语言为英文,为了方便操作,可将显示语言设置为中文,具体操作步骤如表 2-3 所示。

表 2-3 设置示教器显示语言步骤

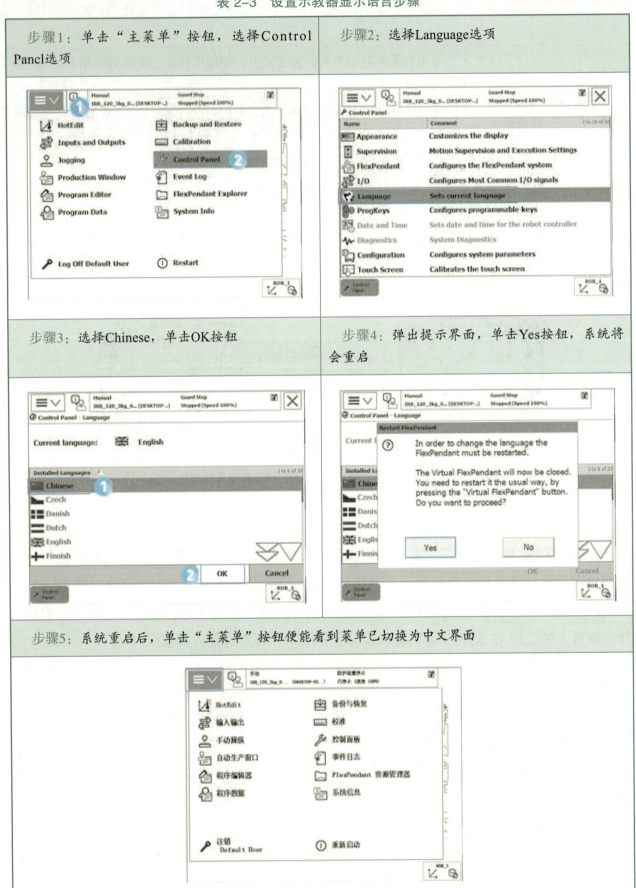

二、设定系统时间

为方便管理文件和查阅故障，在进行各种操作之前要将工业机器人系统时间设置为本地时区的时间，具体操作步骤如表 2-4 所示。

表 2-4 设置系统时间步骤

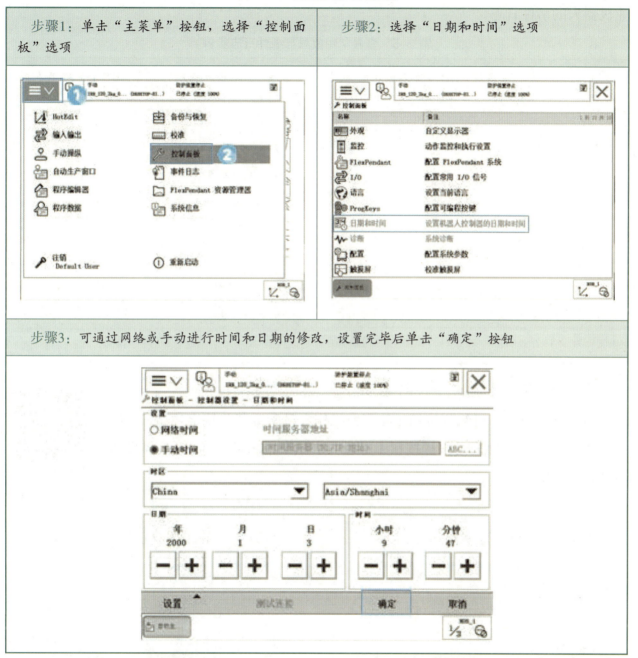

三、查看常用信息与事件日志

如表 2-5 所示，通过示教器显示画面上的状态栏可查看 ABB 工业机器人的常用信息，具体内容如下。

（1）工业机器人的状态，包括手动、全速手动和自动 3 种状态。

（2）工业机器人系统信息。

查看常用信息与事件日志

（3）工业机器人电动机状态：如果按下"使能器"按钮第一挡会显示电动机起动，松开或按下第二挡会显示防护装置停止。

（4）工业机器人程序运行状态：显示程序的运行或停止。

（5）当前工业机器人或外轴的使用状态：单击示教器画面上的状态栏，可查看 ABB 工业机器人的事件日志。

表 2-5　查看常用信息与事件日志步骤

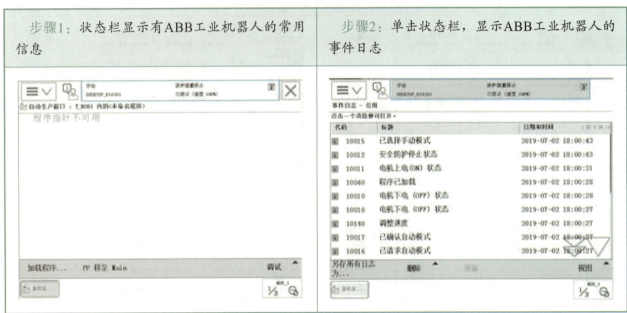

四、配置示教器可编程按钮

由表 2-1 可知，可编程按钮 1~4 可由操作人员配置某些特定功能，以简化编程和调试。下面为可编程按钮 1 配置一个数字输出信号 do1，具体操作步骤如表 2-6 所示。

配置示教器可编程按钮

表 2-6　设置示教器的可编程按钮步骤

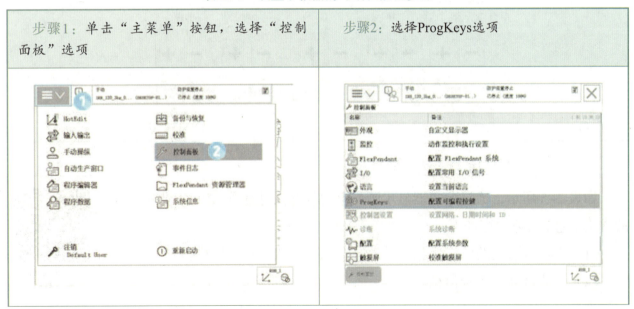

续表

步骤3：进入配置可编程按钮的界面，可以选择对按钮1~4进行配置，这里单击"按键1"选项卡；在"类型"下拉列表框中包括输入、输出和系统信号选项，因为do1是输出信号，所以应单击"输出"	步骤4：在"数字输出"中输入do1，在"按下按键"下拉列表框中选择"按下/松开"。操作人员也可以根据实际需要选择按键的动作特性
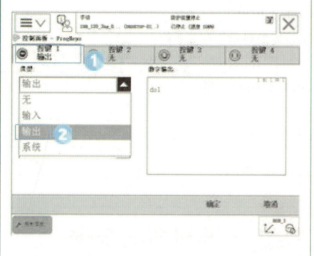	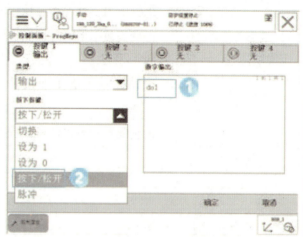
步骤5：单击"确定"按钮	步骤6：配置后便可以通过可编程按钮1在手动状态下对do1数字输出信号进行强制操作。可编程按钮2~4可重复上述步骤进行配置

任务测评

对本任务的知识掌握与技能运用情况进行测评，并将结果填入表2-7内。

表 2-7 任务测评表

项目	序号	测评内容	自我评价	教师评价
基本素养（30 分）	1	无迟到、无早退、无旷课（10 分）		
	2	团结协作能力、沟通能力（10 分）		
	3	安全规范操作（10 分）		
知识掌握与技能运用（70 分）	1	正确手持 ABB 工业机器人示教器（10 分）		
	2	正确说出"使能器"按钮的功能（10 分）		
	3	正确设置 ABB 工业机器人示教器的显示语言和系统时间（20 分）		
	4	正确查看 ABB 工业机器人的常用信息与事件日志（10 分）		
	5	正确配置示教器的可编程按钮（20 分）		
综合评价				

任务二　备份与恢复 ABB 工业机器人数据

任务情景导入

工业机器人操作员小张想：当他使用计算机工作或学习时，难免会因为操作失误或者计算机病毒使存储在计算机中的数据损坏、消失。此时，通常可以利用系统中的还原功能，将系统还原到数据损坏前的某一个时间点上，以减少损失。那么 ABB 工业机器人是否也具有类似的功能，可以保护重要的程序数据呢？

任务目标

1. 掌握备份与恢复 ABB 工业机器人数据的方法
2. 掌握单独导入程序、单独导入系统参数配置文件的方法
3. 具备良好的规范操作工业机器人素质

相关知识

数据备份是指为防止系统出现操作失误或系统故障导致数据丢失，而将全部或部分数据集合从应用主机的硬盘复制到其他存储介质的过程。ABB 工业机器人数据备份的对象是所有正在系统内运行的 RAPID 程序和系统参数。当工业机器人系统出现错乱或者重新安装新系统以后，可以通过恢复系统快速地将其恢复到备份时的状态。

ABB 工业机器人备份的数据具有唯一性，即不能将工业机器人 A 的备份恢复到工业机器人 B 中，否则会造成系统故障。但是，操作人员可以将程序和系统参数配置文件单独导入不同的工业机器人之中，此方法多在批量生产时使用。

任务实施

一、备份与恢复数据

对 ABB 工业机器人数据进行备份的具体操作步骤如表 2-8 所示。

备份与恢复 ABB 工业机器人数据

表 2-8 备份数据的具体操作步骤

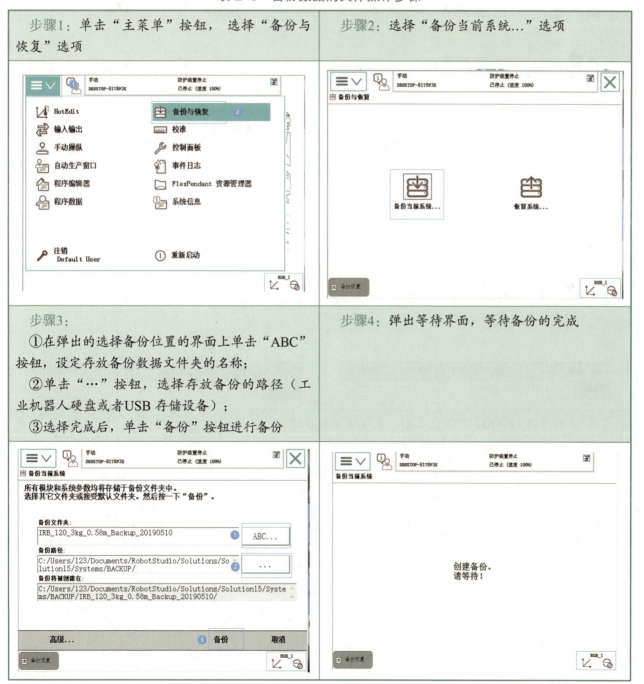

对ABB工业机器人数据进行恢复的具体操作步骤如表2-9所示。

表2-9 恢复数据的具体操作步骤

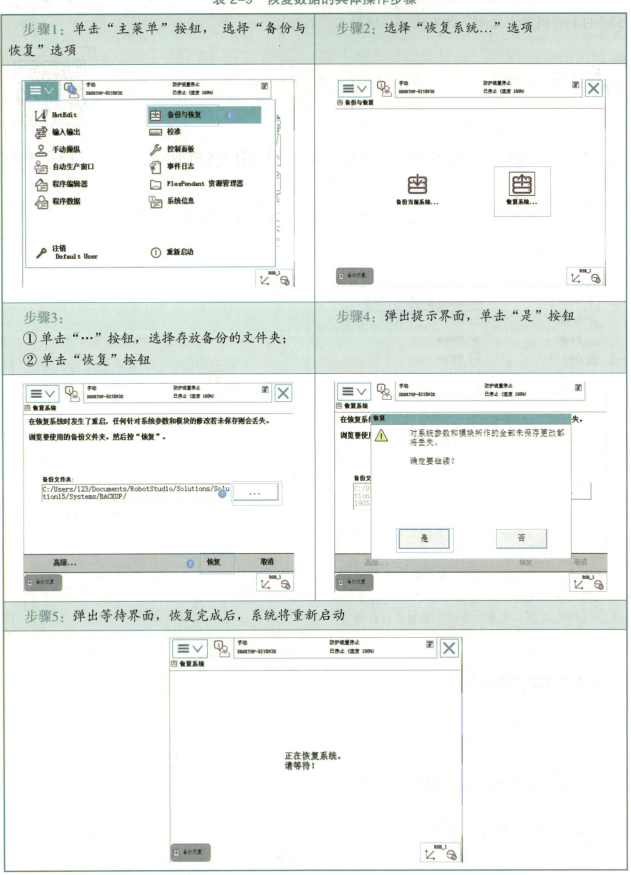

二、单独导入程序模块

单独导入程序的具体操作步骤如表 2-10 所示。

表 2-10　单独导入程序模块的具体操作步骤

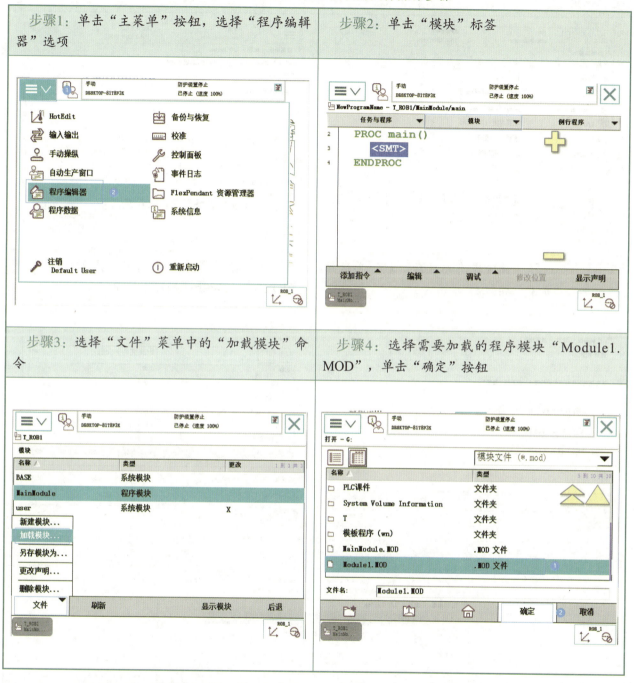

三、单独导入系统参数配置文件

单独导入系统参数配置文件的具体操作步骤如表 2-11 所示。

表 2-11 单独导入系统参数配置文件的具体操作步骤

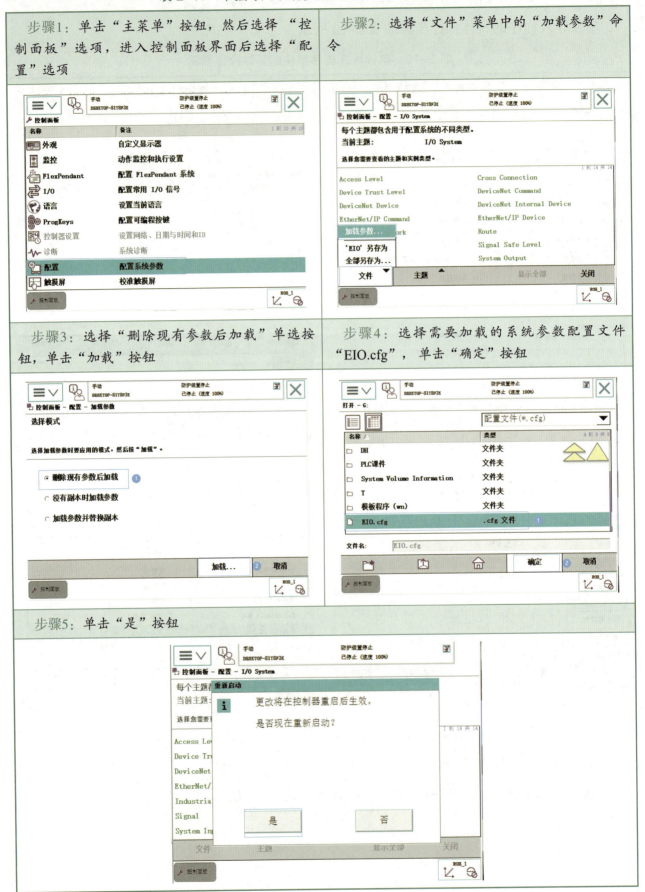

任务测评

对本任务的知识掌握与技能运用情况进行测评,并将结果填入表 2-12 内。

表 2-12 任务测评表

项目	序号	测评内容	自我评价	教师评价
基础素养 (30 分)	1	无迟到、无早退、无旷课(10 分)		
	2	团结协作能力、沟通能力(10 分)		
	3	安全规范操作(10 分)		
知识掌握与 技能运用 (70 分)	1	正确备份和恢复 ABB 工业机器人数据(30 分)		
	2	正确单独导入 ABB 工业机器人的程序模块(20 分)		
	3	正确单独导入 ABB 工业机器人的系统参数配置文件(20 分)		
综合评价				

任务三 手动操纵 ABB 工业机器人

任务情景导入

红星机械厂的工业机器人更换了新的焊枪,需要重新建立工业机器人的工具中心点。工业机器人操作员老李要手动操纵各个工业机器人接近固定点,然后对各个点的数据进行修改,徒弟小张在一旁学习。那工业机器人是如何进行手动操纵的呢?

任务目标

1. 掌握 ABB 工业机器人单轴运动的手动操纵方法
2. 掌握 ABB 工业机器人线性运动的手动操纵方法
3. 掌握 ABB 工业机器人重定位运动的手动操纵方法
4. 提升 ABB 工业机器人安全操作规范

相关知识

ABB 工业机器人的手动操纵包括单轴运动、线性运动和重定位运动 3 种模式。

一、单轴运动

一般 ABB 工业机器人有 6 个伺服电动机,分别驱动其 6 个关节轴,在单轴运动模式下,每次只能操纵一个关节轴运动。图 2-5 为六轴机器人第 1~6 轴对应的关节示意图。

单轴运动模式常用于进行工业机器人转数计数器的更新操作，或是用于工业机器人出现机械限位和软件限位，也就是超出移动范围而停止时，将其移动到合适的位置。

在进行粗略的定位和比较大幅度的移动时，与其他手动操纵模式相比，单轴运动模式会更加方便快捷。

图 2-5 六轴机器人 第 1~6 轴对应的关节示意图

二、线性运动

工业机器人的线性运动主要是指安装在工业机器人手腕上的末端执行器的工具中心点（Tool Center Point，TCP）在空间中做线性运动，如图 2-6 所示。也就是说，当我们以手动或编程方式操纵工业机器人去接近空间中的某一点时，其本质是让工具中心点去接近该点。线性运动模式下，工业机器人移动的幅度较小，适合较为精确的定位和移动。

同一个工业机器人会因为挂载不同的末端执行器而有不同的工具中心点，但在同时刻，工业机器人只能处理一个工具中心点。

三、重定位运动

工业机器人的重定位运动是指工业机器人末端执行器以其工具中心点为坐标原点，在空间中绕着坐标轴做旋转运动，如图 2-7 所示。重定位运动也可以理解为工业机器人绕工具中心点所做的姿态调整运动。

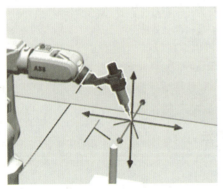

图 2-6 线性运动

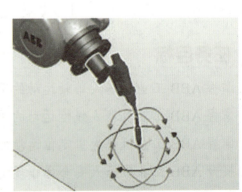

图 2-7 重定位运动

任务实施

一、单轴运动的手动操纵

手动操纵 ABB 工业机器人做单轴运动的具体操作步骤如表 2-13 所示。

单轴运动的手动操纵

表2-13　单轴运动的手动操纵步骤

步骤1：将工业机器人控制柜上的模式开关切换到中间的手动限速状态

步骤2：在状态栏中，确认工业机器人的状态为"手动"；单击"主菜单"按钮，选择"手动操纵"选项

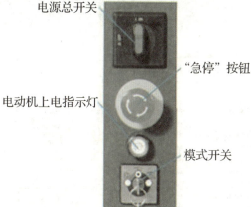

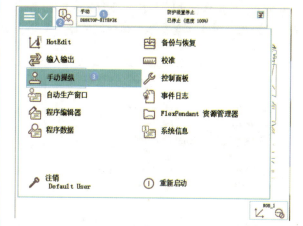

步骤3：在手动操纵界面选择"动作模式"选项

步骤4：选择"轴1-3"，单击"确定"按钮，便可以对工业机器人第1~3轴进行操纵

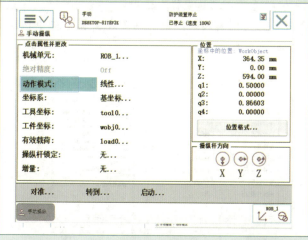

步骤5：按下"使能器"按钮，并在状态栏中确认已正确进入"电机开启"状态，然后操纵工业机器人手动操纵杆使其作单轴运动

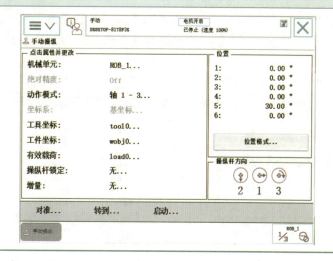

二、线性运动的手动操纵

手动操纵ABB工业机器人做线性运动的具体操作步骤如表2-14所示。

线性运动的手动操纵

表2-14 线性运动的手动操纵步骤

步骤1：在状态栏中，确认工业机器人的状态为"手动"，单击"主菜单"按钮，选择"手动操纵"选项	步骤2：在手动操纵界面选择"动作模式"选项
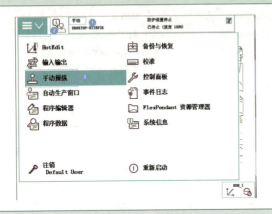	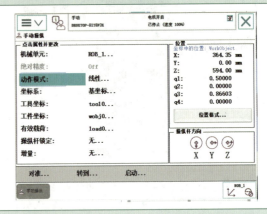
步骤3：选择"线性"，单击"确定"按钮	步骤4：选择"工具坐标"选项。 提示：工业机器人的线性运动要在工具坐标中指定它所对应的工具
	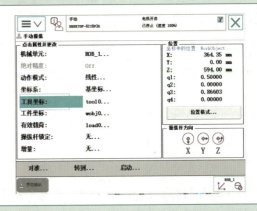
步骤5：选择对应的工具"tool1"；单击"确定"按钮	步骤6：按下"使能器"按钮，并在状态栏中确认已正确进入"电机开启"状态，操纵工业机器人手动操纵杆使其沿轴X、Y、Z方向做线性运动
	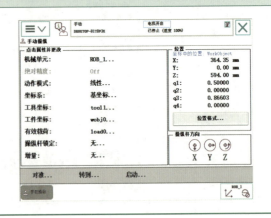

三、重定位运动的手动操纵

手动操纵ABB工业机器人做重定位运动的具体操作步骤如表2-15所示。

重定位运动的手动操纵

表2-15 重定位运动的手动操纵步骤

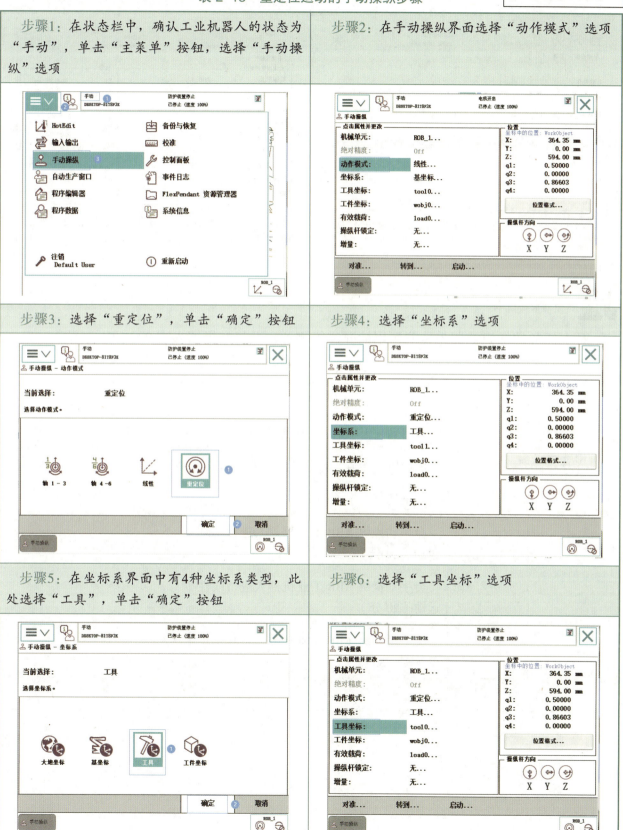

续表

步骤7：选择对应的工具"tool1"，单击"确定"按钮	步骤8：按下"使能器"按钮，并在状态栏中确认已正确进入"电机开启"状态，操纵工业机器人手动操纵杆使其绕工具中心点做重定位运动
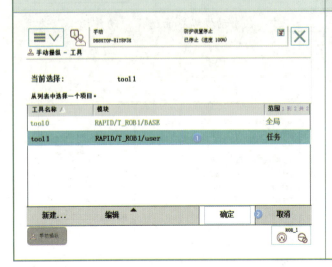	

 任务测评

对本任务的知识掌握与技能运用情况进行测评，并将结果填入表2-16内。

表2-16 任务测评表

项目	序号	测评内容	自我评价	教师评价
基础素养（30分）	1	无迟到、无早退、无旷课（10分）		
	2	团结协作能力、沟通能力（10分）		
	3	安全规范操作（10分）		
知识掌握与技能运用（70分）	1	会手动操纵ABB工业机器人进行单轴运动（20分）		
	2	会手动操纵ABB工业机器人进行线性运动（20分）		
	3	会手动操纵ABB工业机器人进行重定位运动（30分）		
综合评价				

任务四　更新 ABB 工业机器人转数计数器

任务情景导入

工业机器人操作员小王在周一上班时，发现工业机器人的运行位置不准确。在向值班人员询问情况后，他了解到周末工厂内部发生停电，而工厂使用的工业机器人出厂年份较早，内部蓄电池早已老化。小王推断可能是转数计数器因断电导致其记录的数据不准确，遂进行了转数计数器的更新操作。

任务目标

1. 了解 ABB 工业机器人的机械原点位置
2. 了解工业机器人需要更新转数计数器的原因
3. 掌握更新 ABB 工业机器人转数计数器的方法
4. 提升 ABB 工业机器人安全规范操作的意识

相关知识

一、转数计数器

工业机器人在出厂时，对各关节轴的机械原点进行了设定，对应着机器人本体上 6 个关节轴同步标记，该原点作为各关节轴运动的基准。机器人的原点信息是指机器人各轴处于机械原点时，各轴电动机编码器对应的读数（包括转数数据和单圈转角数据）。原点信息数据存储在本体串行测量板上，数据需供电才能保持保存，掉电后数据会丢失。

工业机器人的转数计数器是用独立的电池供电，用来记录各个轴的数据。如果示教器提示电池没电，或者工业机器人在断电情况下手臂位置被移动了，这时候需要对计数器进行更新，否则其运行位置是不准确的。

二、需要更新工业机器人转数计数器的情况

在以下情况下，需要对工业机器人进行转数计数器更新操作：
（1）更换伺服电动机转数计数器电池后；
（2）当转数计数器发生故障，修复后；
（3）转数计数器与测量板之间断开过；
（4）断电后，机器人关节轴发生了移动；
（5）当系统报警提示"10036 转数计数器更新"时。

ABB 工业机器人6个关节轴都有一个机械原点位置，如图 2-8 所示。更新转数计数器前，需将工业机器人各个轴停到机械原点，使各轴上的刻度线和对应的槽对齐，然后才能在示教器进行更新操作。

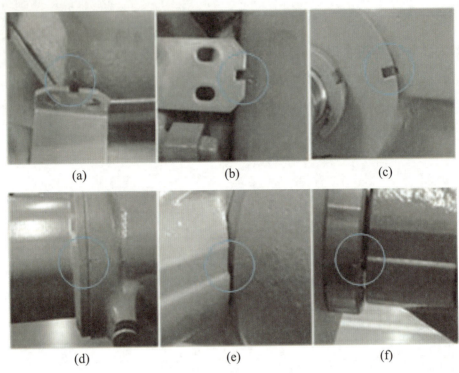

图 2-8 ABB 工业机器人的机械原点位置
（a）1轴；（b）2轴；（c）3轴；（d）4轴；（e）5轴；（f）6轴

任务实施

更新转数计数器的具体操作步骤如表 2-17 所示。

ABB 工业机器人转数计数器更新

表 2-17 更新转数计数器的具体操作步骤

步骤1：手动操纵工业机器人，按"4轴→5轴→6轴→1轴→2轴→3轴"的顺序依次将工业机器人6个轴转到机械原点位置，然后单击"主菜单"按钮，选择"校准"选项	步骤2：选择需要校准的机械单元"ROB_1"

续表

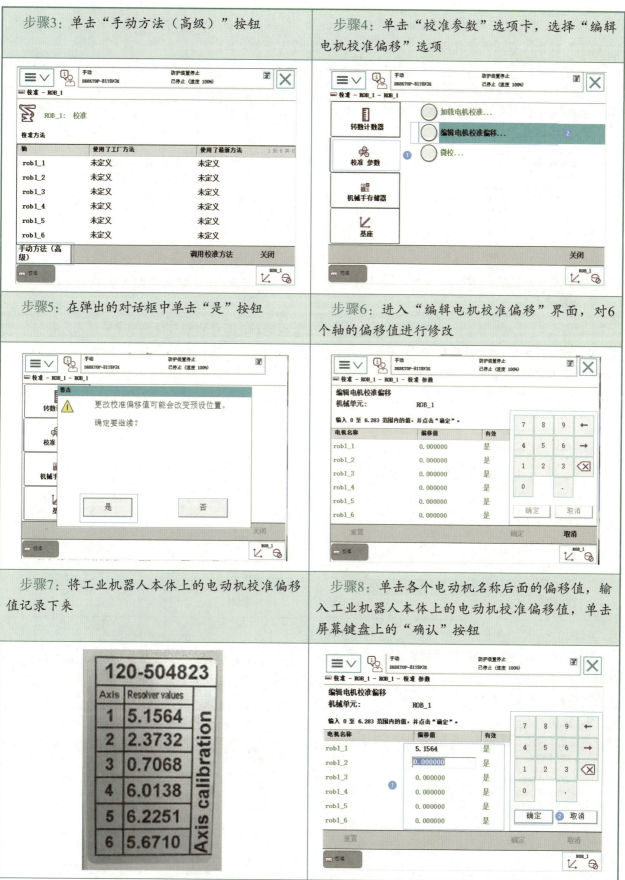

续表

步骤9：当输入完所有新的校准偏移值后，单击"确定"按钮，系统将重新启动。 提示：如果示教器中显示的电动机校准偏移值与工业机器人本体上的数值一致，则不需要进行修改，直接单击"取消"按钮，跳到步骤11	步骤10：在弹出的对话框中单击"是"按钮，系统将会重启
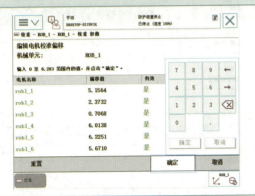	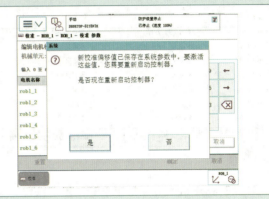
步骤11： ① 系统重启后，在示教器主菜单中单击"校准"，单击"ROB_1"，然后单击"手动方法（高级）"按钮。此时，单击"转数计数器"选项卡； ② 选择"更新转数计数器"选项	步骤12：在弹出的对话框中单击"是"按钮
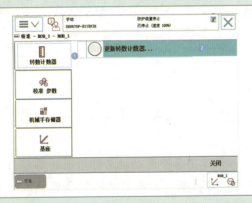	
步骤13： ① 再次选择需要更新转数计数器的机械单元"ROB_1" ② 单击"确定"按钮	步骤14： ① 弹出选择更新轴的界面，单击"全选"按钮； ② 单击"更新"按钮
	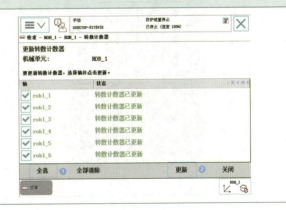

项目二　ABB工业机器人基础操作

续表

步骤15：在弹出的对话框中单击"更新"按钮	步骤16：等待系统完成更新工作，当显示"转数计数器更新已成功完成"时，单击"确定"按钮，转数计数器更新完毕
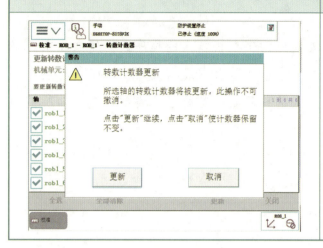	

任务测评

对本任务的知识掌握与技能运用情况进行测评，并将结果填入表2-18内。

表2-18　任务测评表

项目	序号	测评内容	自我评价	教师评价
基础素养 （30分）	1	无迟到、无早退、无旷课（10分）		
	2	团结协作能力、沟通能力（10分）		
	3	安全规范操作（10分）		
知识掌握与 技能运用 （70分）	1	正确说出需要更新工业机器人转数计数器的情况（30分）		
	2	正确更新ABB工业机器人的转数计数器（40分）		
综合评价				

任务五　建立 ABB 工业机器人基本程序数据

任务情景导入

新入职的工业机器人操作员小赵需要将新安装好的工业机器人的程序数据建立起来。当她打算建立逻辑值数据（bool）时，却在数据类型选择界面中没有发现"bool"选项。这时，师傅老李走了过来，他已经将其他工业机器人的程序数据建好了，看到小赵不知所措的样子，老李拿过示教器，开始了详细的讲解。

任务目标

1. 熟悉程序数据的定义和存储类型
2. 掌握建立数值数据（num）的方法
3. 掌握建立逻辑值数据（bool）的方法
4. 树立严谨细致的工匠精神

相关知识

一、程序数据的定义

程序数据是程序模块或系统模块中设定的值和定义的一些环境数据。创建好的程序数据可通过同一个模块或其他模块中的指令进行引用。ABB 工业机器人的程序数据可在示教器中的程序数据界面查看，如图 2-9 所示。操作人员也可按实际情况创建所需要的程序数据。常用的程序数据如表 2-19 所示。

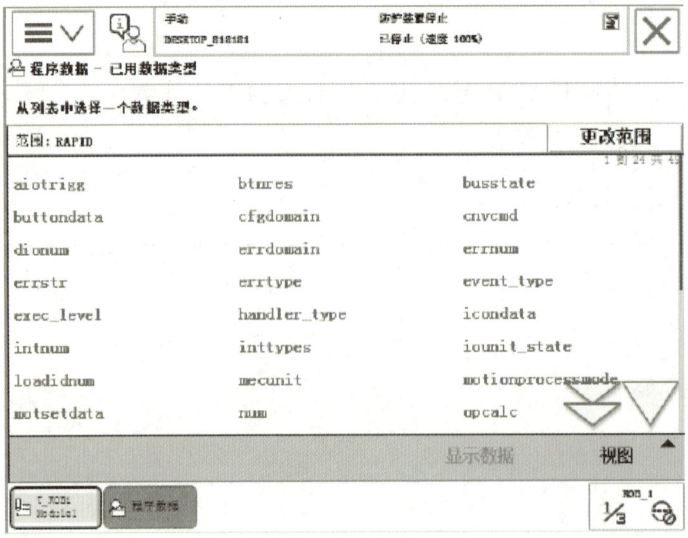

图 2-9　程序数据界面

表 2-19 常用的程序数据

数据类型	说明	数据类型	说明
bool	逻辑值数据	pos	位置数据（只有 X，Y 和 Z 参数）
byte	字节数据 0~255	pose	坐标转换
clock	计时数据	robjoint	轴角度数据
dionum	数字输入/输出信号数据	robtarget	工业机器人与外轴的位置数据
extjoint	外轴位置数据	speeddata	工业机器人与外轴的速度数据
intnum	中断标志符	string	字符串
jointtarget	关节位置数据	tooldata	工具数据
loaddata	有效载荷数据	trapdata	中断数据
mecunit	机械装置数据	wobjdata	工件坐标数据
num	数值数据	zonedata	工具中心点转弯半径数据
orient	姿态数据		

二、程序数据的存储类型

ABB 工业机器人程序数据的存储类型可分为常量（CONST）、变量（VAR）和可变量（PERS）3 种。

（1）常量：数据在定义时已赋予了数值，不能在程序中进行赋值操作；需要修改时只能手动修改。

（2）变量：数据在程序执行过程中和停止时，会保持当前的值，但如果程序指针被移动到主程序后，当前数据便会丢失。在定义时，可以定义变量数据的初始值。在工业机器人执行的 RAPID 程序中也可以对变量数据进行赋值操作。在执行程序时，为变量数据赋的值，在指针复位后将恢复为初始值。

（3）可变量：无论程序的指针如何，数据都会保持最后赋予的值。在工业机器人执行的 RAPID 程序中也可以对可变量进行赋值操作，在程序执行后，赋值的结果会一直保持，直到对其进行重新赋值。

> **知识角：** 程序指针是编程语言中的一个对象，它的值直接指向存在存储器中另一个地方的值。如果将工业机器人的存储器当成一本书，指针便是一张记录了书中某个页码的便利贴。

 任务实施

一、建立逻辑值数据（bool）

逻辑值数据要么为真（TRUE）要么为假（FALSE）。建立逻辑值数据时的参数及说明如表 2-20 所示，具体操作步骤如表 2-21 所示。

建立逻辑值数据 BOOL

表2-20 建立逻辑值数据时的参数及说明

参数	说明
名称	设定数据的名称
范围	设定数据可使用的范围（全局、本地和任务）
存储类型	设定数据的可存储类型（常量、变量和可变量）
任务	设定数据所在的任务
模块	设定数据所在的模块
例行程序	设定数据所在的例行程序
维数	设定数据的维数（一维、二维和三维）
初始值	设定数据的初始值

表2-21 建立逻辑值数据的步骤

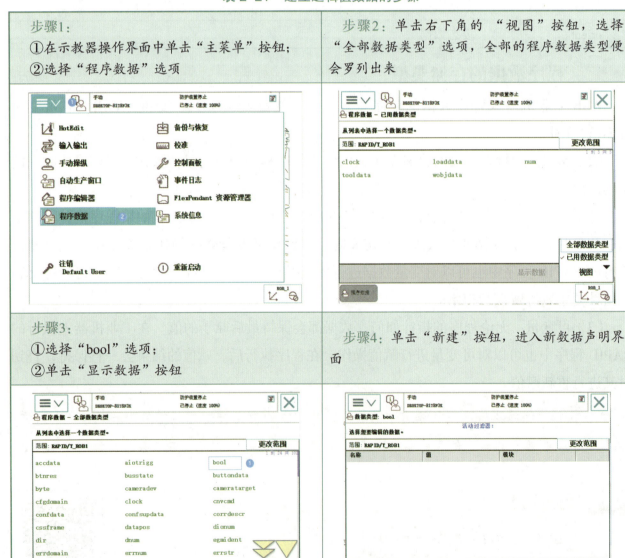

续表

步骤5：单击界面右上角的"…"按钮，设定数据的名称

步骤6：
①输入finished；
②单击"确定"按钮

步骤7：单击"初始值"按钮。
提示：根据需要设定数据的属性，此处保持系统默认即可

步骤8：
①将初始值设定为"FALSE"；
②单击"确定"按钮。
提示：根据需要也可将初始值设定为"TRUE"

步骤9：返回新数据声明界面后单击"确定"按钮。至此，完成建立逻辑值数据的操作

二、建立数值数据（num）

数值数据可以是整数、小数或指数。建立数值数据所需的参数及说明与建立逻辑值数据类似，具体操作步骤如表2-22所示。

建立工具数据
TOOLDATA 步骤

建立工具数据
TOOLDATA 实操展示

表2-22　建立数值数据的步骤

步骤1：参考前面的操作，在示教器中打开程序数据界面。 ①选择"num"选项； ②单击"显示数据"按钮	步骤2：单击"新建"按钮，进行数据的编辑

步骤3：单击"初始值"按钮。 提示：根据需要设定数据的属性，此处保持系统默认即可	步骤4： ①选择"reg6:="，根据程序需要输入初始值，如输入5； ②单击屏幕键盘上的"确定"按钮，初始值设定完毕； ③单击"确定"按钮，返回数据声明界面
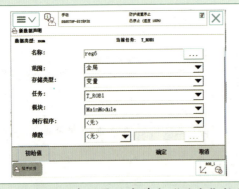	
步骤5：在数据声明界面中单击"确定"按钮，完成建立数值数据的操作	

任务测评

对本任务的知识掌握与技能运用情况进行测评,并将结果填入表 2-23 内。

表 2-23 任务测评表

项目	序号	测评内容	自我评价	教师评价
基础素养 (30 分)	1	无迟到、无早退、无旷课(10 分)		
	2	团结协作能力、沟通能力(10 分)		
	3	安全规范操作(10 分)		
知识掌握与 技能运用 (70 分)	1	正确说出程序数据的定义和存储类型(30 分)		
	2	正确建立逻辑值数据(20 分)		
	3	正确建立数值数据(20 分)		
综合评价				

任务六　建立 ABB 工业机器人 3 个关键程序数据

任务情景导入

工业机器人操作员小赵在运行搬运程序时,示教器上突然弹出了警告页面,提示小赵"变元 Tool 的载荷重心未定义。"小赵在查询故障手册后,发现故障原因是夹具载荷的重心数据缺失或与实际不符,但小赵找了很久也没发现在哪里修改数据,便向同事小张寻求帮助。

任务目标

1. 掌握建立工具数据(tooldata)的方法
2. 掌握建立工件坐标数据(wobjdata)的方法
3. 掌握建立有效载荷数据(loaddata)的方法
4. 树立精益求精的工匠精神

相关知识

在进行正式的编程之前,需要建立 3 个关键的程序数据,即工具数据(tooldata)、工件坐标数据（wobjdata）和有效载荷数据（loaddata）。这 3 个程序数据是构建工业机器人编程环境的必要条件。

一、工具数据（tooldata）

工具数据用于描述工业机器人末端执行器的工具中心点、质量和重心等参数。工具数据会影响工业机器人的控制算法（如加速度的计算）、速度和加速度的监控、力矩的监控、碰撞的监控、能量的监控等，因此必须要正确建立。

工业机器人在进行不同的作业时会安装不同的工具。例如，用于弧焊的工业机器人使用弧焊枪作为工具，如图 2-10 所示；用于搬运的工业机器人使用吸盘式夹具作为工具，如图 2-11 所示。不管采用哪种工具，工业机器人的腕部都有一个预定义的工具坐标系，该坐标系称为 tool0。tool0 的工具中心点位于工业机器人安装法兰的中心，如图 2-12 所示。当腕部安装工具后，其工具坐标系则被定义为 tool0 的偏移值，工具中心点变为此工具坐标系的原点。执行程序时，工业机器人便可将工具中心点移至编程位置。

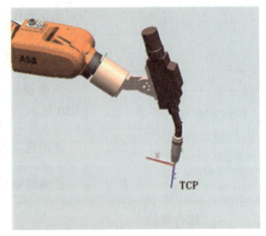

图 2-10 工业机器人用弧焊枪工具

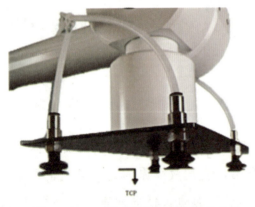

图 2-11 工业机器人用吸盘式夹具

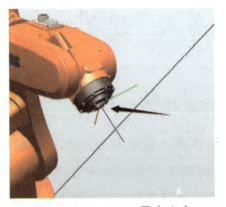

图 2-12 tool0 工具中心点

工业机器人工具中心点的建立方法如下。

（1）在工业机器人工作范围内设置一个非常精确的固定点。

（2）在工业机器人已安装的工具上确定一个参考点（最好是工具的中心点）。

（3）用手动操纵工业机器人的方法移动工具上的参考点，至少以 4 种不同的位姿尽可能地与固定点相接触。但为了获得更准确的工具中心点，常使用六点法进行操作，前四点是将工具参考点与固定点相接触，第五点是工具参考点从固定点向将要建立为工具中心点的 X 轴反方向移动一段距离后的点，第六点是工具参考点从固定点向将要建立为工具中心点的 Z 轴反方向移动一段距离后的点。

（4）工业机器人通过上述各点的位置数据计算求得工具中心点的数据并保存在tooldata这个程序数据中，以供程序调用。

二、工件坐标数据（wobjdata）

工件坐标是工件相对于大地的坐标位置。工业机器人可以有若干工件坐标系，既能表示不同工件，又能表示同一类工件在不同位置的若干副本。对工业机器人进行编程时可在工件坐标系中创建目标和路径，这样做有以下两个优点：

（1）重新定位工作站中的工件时，只需更改工件坐标位置，所有路径将随之更新；

（2）可操作以外部轴或传送导轨移动的工件，整个工件可连同其路径一起移动。

如图2-13所示，A是机器人的大地坐标系，为了方便编程，给第一个工件建立了一个工件坐标B，并在这个工件坐标B中进行轨迹编程。如果台子上还有一个一样的工件需要走一样的轨迹，那只需建立一个工件坐标C，将工件坐标B中的轨迹复制一份，然后将工件坐标从B更新为C即可，无须再进行重复轨迹编程。

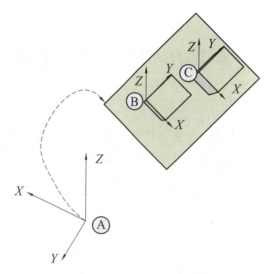

图2-13 工件及路径的移动

如图2-14所示，在建立工件坐标数据时，通常采用三点法即通过在对象表面位置或工件边缘角位置上，定义3个点的位置来创建一个工件坐标系。其设定原理如下：

（1）手动操纵机器人，在工件表面或边缘角的位置找到一点X_1，作为坐标系的原点；

（2）手动操纵机器人，沿着工件表面或边缘找到一点X_2，X_1、X_2确定工件坐标系的X轴的正方向（X_1和X_2距离越远，定义的坐标轴方向越精准）；

（3）手动操纵机器人，在XY平面上并且Y值为正的方向找到一点Y_1，确定坐标系的Y轴的正方向。

需要注意的是，建立工件坐标系应符合右手定则，如图2-15所示。

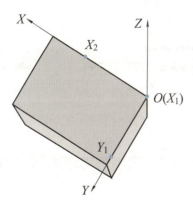

图2-14 工具坐标系的建立

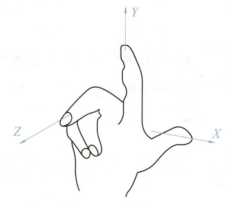

图2-15 右手定则

三、有效载荷数据（loaddata）

搬运机器人手臂承受的载荷是不断变化的，所以不仅要正确设定夹具的质量和重心等工具数据，还要设置搬运对象的质量和重心等有效载荷数据。非搬运工业机器人的有效载荷数据参数则是默认的 load0。

建立有效载荷数据
LOADDATA

任务实施

一、建立工具数据（tooldata）

通过六点法建立工具数据的具体操作步骤如表 2-24 所示。

表 2-24　通过六点法建立工具数据的具体操作步骤

步骤1： ①在示教器操作界面中单击"主菜单"按钮； ②选择"手动操纵"选项	步骤2：单击"工具坐标"选项，进入工具选择界面
步骤3： ①选择"tool 1"选项； ②单击"编辑"菜单中的"定义"，设定"tool 1"的工具中心点	步骤4：在"方法"下拉列表框中选择"TCP和Z，X"，并在"点数"下拉列表框中选择"4"来设定工具中心点

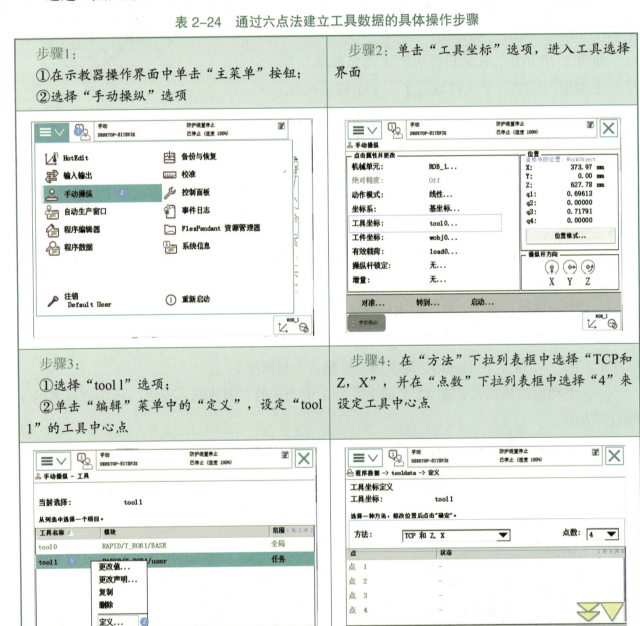

续表

步骤5：通过示教器选择合适的手动操纵模式。按下"使能器"按钮，操纵手动操纵杆使工具参考点靠近固定点	步骤6： ①选择"点1"参数； ②单击"修改位置"按钮，完成点1的修改
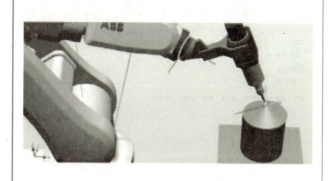	
步骤7：按照步骤5和步骤6的操作，令工业机器人以不同于点1的位姿，使工具参考点靠近固定点，依次完成点2、点3、点4的修改	步骤8：使工业机器人保持点4的位姿，然后操纵工业机器人从点4向工具中心点X轴的正方向移动一段距离
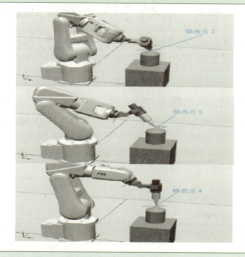	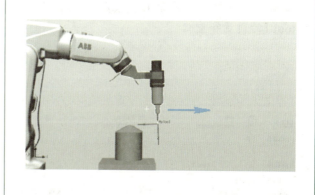
步骤9： ①选择"延伸器点X"参数； ②单击"修改位置"按钮	步骤10：返回点4的位姿，操纵工业机器人从点4向工具中心点Z轴的正方向移动一段距离
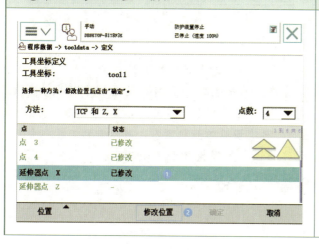	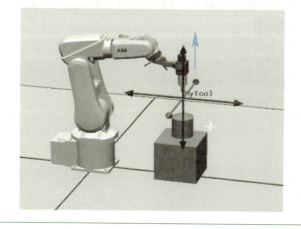

步骤11： ①选择"延伸器点 Z"参数； ②单击"修改位置"按钮； ③单击"确定"按钮，完成位置的修改	步骤12：查看误差，确认无误后单击"确定"按钮。 提示：虽然误差越小越好，但也要以实际验证结果为准
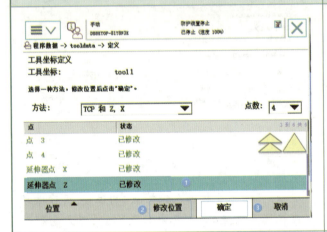	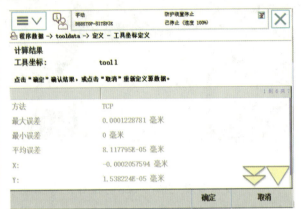
步骤13： ①选择"tool 1"选项； ②单击"编辑"菜单中的"更改值"选项，设定tool 1的质量和重心	步骤14： ①向下翻页，将"mass :="选项的值改为工具的实际重量，单位为kg（此工具的质量为2 kg）； ②编辑工具重心坐标数据"x :=""y :=""z :="，应以实际为准，单位为mm（此工具的重心为从默认tool0的Z方向偏移60 mm）； ③单击"确定"按钮，完成tool 1的数据修改
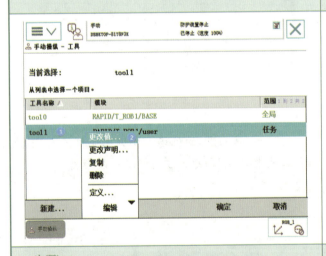	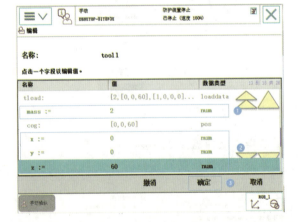
步骤15： ①选择"tool 1"选项； ②单击"确定"按钮	步骤16：操纵手动操纵杆使工业机器人上的工具参考点靠近固定点，随后设置动作模式为"重定位"，坐标系为"工具"，工具坐标为"tool 1"，再次操纵工业机器人，可以看到工具参考点始终与固定点保持接触，而工业机器人会根据重定位操作改变位姿

续表

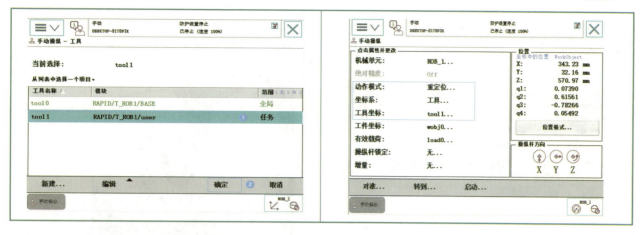

二、建立工件坐标数据（wobjdata）

建立工件坐标数据的具体操作步骤如表 2-25 所示。

表 2-25 建立工件坐标数据的具体操作步骤

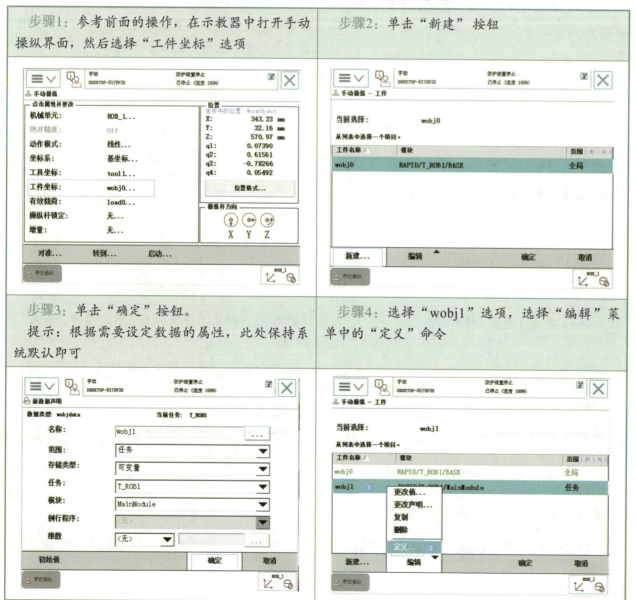

续表

步骤5：在"用户方法"下拉列表框中选择"3点"选项	步骤6：手动操纵工业机器人的工具参考点沿工件边缘靠近定义工件坐标系的X1点
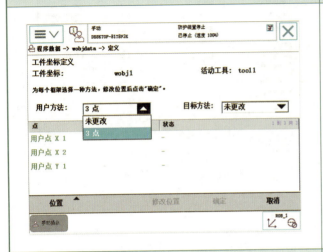	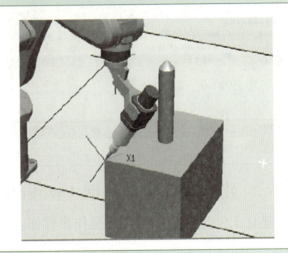
步骤7：单击"修改位置"按钮，完成X1点位置的修改	步骤8：手动操纵工业机器人的工具参考点沿工件边缘靠近定义工件坐标系的X2点和Y1点，然后在示教器中完成相应点位置的修改
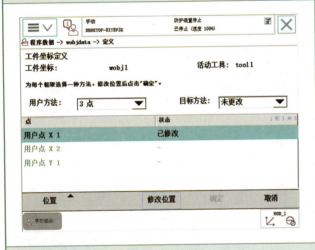	
步骤9：单击"确定"按钮	步骤10：确认工件坐标无误后，单击"确定"按钮
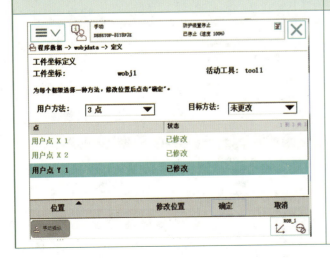	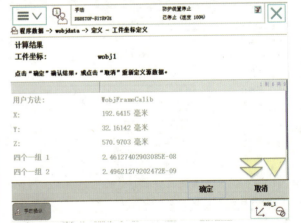

续表

步骤11：
①选择"wobj1"选项；
②单击"确定"按钮

步骤12：设置动作模式为"线性"，坐标系为"工件坐标"，工件坐标为"wobj1"，至此，完成工件坐标数据的建立

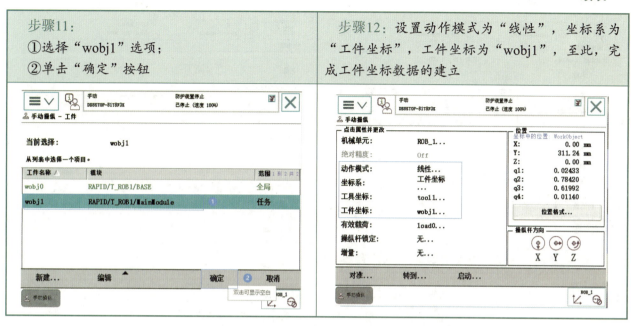

三、建立有效载荷数据（loaddata）

建立有效载荷数据的具体操作步骤如表2-26所示。

表2-26 建立有效载荷数据的具体操作步骤

步骤1：参考前面的操作，在示教器中打开手动操纵界面，然后选择"有效载荷"选项

步骤2：单击"新建"按钮

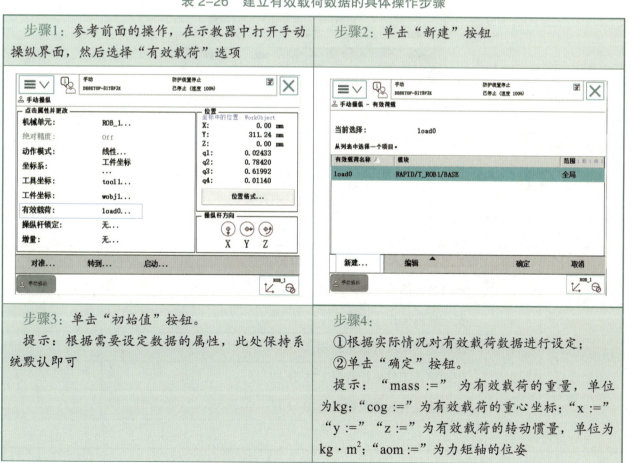

步骤3：单击"初始值"按钮。
提示：根据需要设定数据的属性，此处保持系统默认即可

步骤4：
①根据实际情况对有效载荷数据进行设定；
②单击"确定"按钮。
提示："mass :="为有效载荷的重量，单位为kg；"cog :="为有效载荷的重心坐标；"x :=" "y :=" "z :="为有效载荷的转动惯量，单位为 $kg \cdot m^2$；"aom :="为力矩轴的位姿

续表

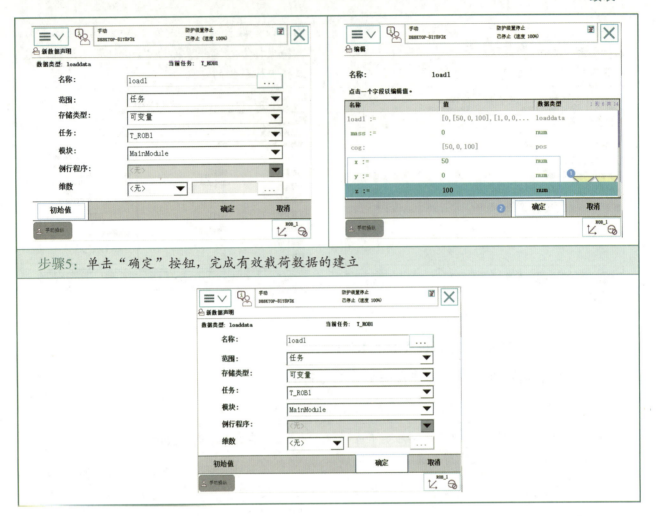

步骤5:单击"确定"按钮,完成有效载荷数据的建立

任务测评

对本任务的知识掌握与技能运用情况进行测评,并将结果填入表 2-27 内。

表 2-27 任务测评表

项目	序号	测评内容	自我评价	教师评价
基础素养 (30分)	1	无迟到、无早退、无旷课(10分)		
	2	团结协作能力、沟通能力(10分)		
	3	安全规范操作(10分)		
知识掌握与 技能运用 (70分)	1	正确建立工具数据(25分)		
	2	正确建立工件坐标数据(25分)		
	3	正确建立有效载荷数据(20分)		
综合评价				

项目三

ABB 工业机器人 I/O 通信

工业机器人通过输入/输出（Input/Output，I/O）接口与外围设备进行通信，接收各种开关或传感器的信号反馈，并发送各种控制信号，用以控制各执行器的动作或指示灯的亮灭。本项目主要介绍配置 ABB 工业机器人标准 I/O 板的方法和关联 I/O 信号的方法。

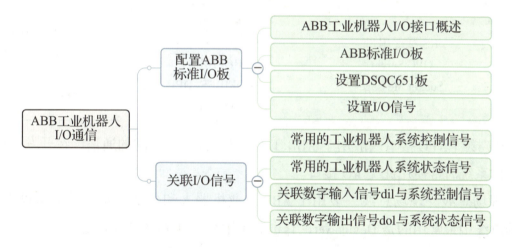

任务一 配置 ABB 标准 I/O 板

 任务情景导入

汽车制造厂近期配备了一批用于汽车喷涂作业的 ABB 工业机器人，工业机器人操作员小张与师傅老李负责安装和配置 ABB 标准 I/O 板。曾经只进行过程序编写的小张对此工作十分陌生，他不知道标准 I/O 板有什么作用，要如何配置。为此，老李开始一边工作，一边对小张讲解其中的知识。

任务目标

1. 了解 ABB 工业机器人的 I/O 接口
2. 了解 ABB 标准 I/O 板
3. 掌握配置 ABB 标准 I/O 板（DSQC651 板）的方法
4. 树立严谨细致的工匠精神

相关知识

一、ABB 工业机器人 I/O 接口概述

为了方便同外围设备进行通信，ABB 工业机器人设置了丰富的 I/O 接口，比较常见的 I/O 接口如表 3-1 所示。

表 3-1　常见的 ABB 工业机器人 I/O 接口

类别	PC 接口	现场总线	ABB 标准 I/O 板
举例	RS-232 串口 OPC Server Socket Message	DeviceNet EtherNet/IP PROFIBUS PROFIBUS-DP PROFINET	DSQC651 板 DSQC652 板 DSQC653 板 DSQC355A 板

（1）PC 接口。PC 接口一般用于 ABB 工业机器人和 PC 之间的通信，在开发和调试工业机器人本体系统时常使用此类 I/O 接口。

（2）现场总线。现场总线一般用于 ABB 工业机器人和外部设备间数据量庞大的情况。各种现场总线中最常用的是 DeviceNet，它也被应用在 ABB 标准 I/O 板之中。

（3）ABB 标准 I/O 板。ABB 标准 I/O 板是 ABB 工业机器人最常使用的一种接口方式，其本质为一种可编程逻辑控制器（Programmable Logic Controller，PLC）。下面重点介绍 ABB 标准 I/O 板。

二、ABB 标准 I/O 板

工业机器人通常需要接收其他设备或传感器的信号才能完成指派的任务。例如，要利用工业机器人将某货物从指定位置搬运到另一个地方，首先要确定需要搬运的货物是否到达了指定位置，这就需要一个位置传感器（到位开关）；当货物到达指定位置后，传感器给工业机器人发送一个信号，工业机器人接收到这个信号后，便按照预定的轨迹开始搬运货物。

对工业机器人而言，到位开关发送的信号属于数字输入信号。在 ABB 工业机器人中，这种信号的接收主要是通过标准 I/O 板来完成的。ABB 标准 I/O 板安装在工业机器人的

控制柜中，包括 DSQC 651（见图 3-1）、DSQC 652、DSQC 653 等类型。利用 ABB 标准 I/O 板可以完成数字输入、数字输出、组输入、组输出、模拟输入和模拟输出等多种信号的处理。

图 3-1　ABB 标准 I/O 板

虽然 ABB 标准 I/O 板的类型很多，但它们的基本功能大同小异。下面以常用的 DSQC 651 板为例，介绍 ABB 标准 I/O 板的相关知识。

1. DSQC 651 板的安装位置

DSQC 651 板安装于 IRC5 控制柜柜门的内侧，如图 3-2 所示。IRC5 控制柜最多可以安装 4 块 DSQC 651 板或其他类型的 ABB 标准 I/O 板，这些 ABB 标准 I/O 板与控制柜上的连接接口是通用的。

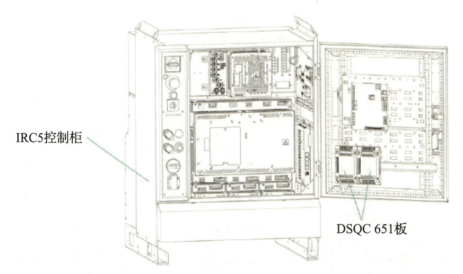

图 3-2　DSQC 651 板的安装位置

2. DSQC 651 板的接口

DSQC 651 板上的接口包括一个 X1 数字输出接口、一个 X3 数字输入接口、一个 X5 DeviceNet 接口和一个 X6 模拟输出接口，其接口分布如图 3-3 所示。

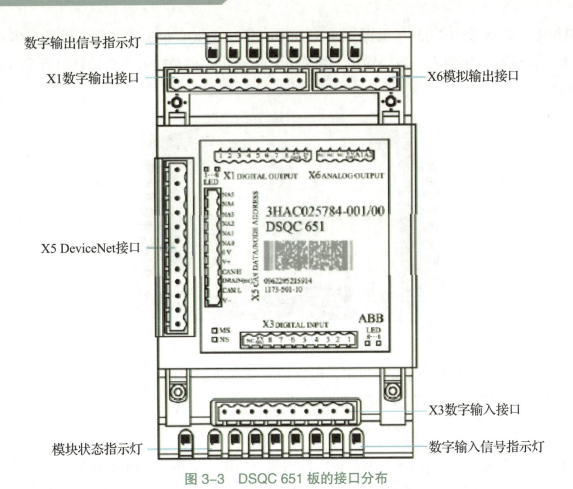

图 3-3 DSQC 651 板的接口分布

（1）X1 数字输出接口。X1 数字输出接口提供 8 路数字输出信号，其各个端子的使用定义和地址分配如表 3-2 所示。

表 3-2 X1 数字输出接口端子的使用定义和地址分配

端子编号	使用定义	地址分配
1	Output ch1	32
2	Output ch2	33
3	Output ch3	34
4	Output ch4	35
5	Output ch5	36
6	Output ch6	37
7	Output ch7	38
8	Output ch8	39
9	0 V	—
10	24 V	—

（2）X3 数字输入接口。X3 数字输入接口提供 8 路数字输入信号，其各个端子的使用定义和地址分配如表 3-3 所示。

表 3-3　X3 数字输入接口端子的使用定义和地址分配

端子编号	使用定义	地址分配
1	Input ch1	0
2	Input ch2	1
3	Input ch3	2
4	Input ch4	3
5	Input ch5	4
6	Input ch6	5
7	Input ch7	6
8	Input ch8	7
9	0 V	—
10	24 V	—

（3）X5 DeviceNet 接口。ABB 标准 I/O 板都是挂载在 DeviceNet 总线下的，X5 DeviceNet 接口用来与 DeviceNet 总线进行通信，以及设置该 I/O 板在 DeviceNet 总线中的地址。每个标准 I/O 板在总线中的地址都是独一无二的，以方便识别。X5 DeviceNet 接口中各个端子的使用定义如表 3-4 所示，其中第 6~12 号端子用来设定 DeviceNet 地址，可用范围为 0~63。

表 3-4　X5 DeviceNet 接口端子的使用定义

端子编号	使用定义
1	0 V
2	CAN_low 低电平信号线
3	屏蔽线
4	CAN_high 高电平信号线
5	24 V
6	GND（地址选择公共端）
7	模块 IDbit0（表示的值为 $2^0=1$）
8	模块 IDbit1（表示的值为 $2^1=2$）
9	模块 IDbit2（表示的值为 $2^2=4$）
10	模块 IDbit3（表示的值为 $2^3=8$）
11	模块 IDbit4（表示的值为 $2^4=16$）
12	模块 IDbit5（表示的值为 $2^5=32$）

例如，当想获得地址 10 时，只需切断第 8 号和第 10 号端子所对应的针脚即可，如图 3-4 所示；当想获得地址 63 时，需要同时切断第 7~12 号端子所对应的针脚；当想获得地址 0 时，则不需切断任何针脚。

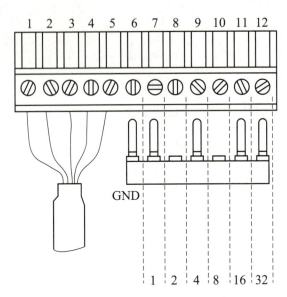

图 3-4　X5 DeviceNet 接口地址设置示意图

（4）X6 模拟输出接口。X6 模拟输出接口提供两路模拟信号输出，其各个端子的使用定义和地址分配如表 3-5 所示。

表 3-5　X6 模拟接口端子的使用定义和地址分配

端子编号	使用定义	地址分配
1	NC（未使用）	—
2	NC（未使用）	—
3	NC（未使用）	—
4	0 V	—
5	模拟输出 A01	0~15
6	模拟输出 A02	16~31

任务实施

配置 ABB 标准 I/O 板分为设置 I/O 板和设置 I/O 信号两部分。下面以 DSQC 651 板为例，介绍配置 ABB 标准 I/O 板的具体操作步骤。

一、设置 DSQC 651 板

目前，ABB 标准 I/O 板多为 DeviceNet 现场总线下的设备，通过 X5 DeviceNet 接口进行通信。因此，在使用 ABB 标准 I/O 板进行通信前，需要

设置 DSQC651

将其添加到系统中，并设置其在系统中的名称、连接的总线及在总线中的地址，以便能被系统识别。设置 DSQC 651 板总线连接方式时所需的参数如表 3-6 所示。

表 3-6　设置 DSQC 651 板总线连接方式时所需的参数

参数名称	参数值	说明
Name	d651	设置 I/O 板在系统中的名称
Network	DeviceNet	设置 I/O 板连接的总线（系统默认值）
Address	10	设置 I/O 板在总线中的地址

在系统中设置 DSQC 651 板的具体操作步骤如表 3-7 所示。

表 3-7　设置 DSQC 651 板的具体操作步骤

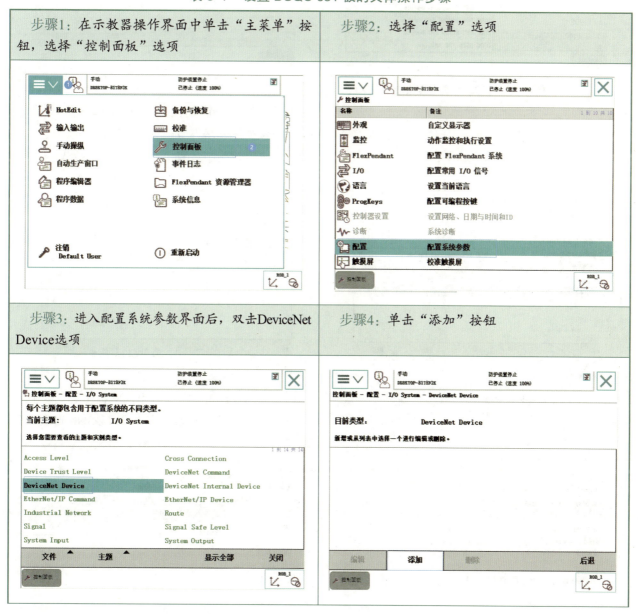

续表

步骤5： ①单击右侧的下拉列表框； ②选择ABB标准I/O板的类型为DSQC 651 Combi I/O Device	步骤6：选择ABB标准I/O板的类型之后，其会自动生成默认参数值。 提示：其中，"Name"的默认值为I/O板的类型，我们也可以将其改为方便识别的名称
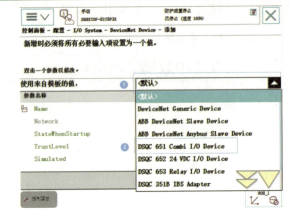	
步骤7：下翻界面，找到并双击Address选项	步骤8： ①将名称为"Address :="的值设置为"10"； ②单击屏幕键盘上的"确定"按钮； ③单击"确定"按钮
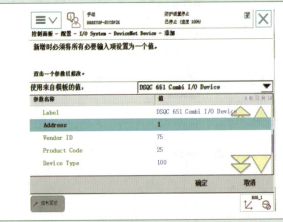	
步骤9：参数设置完毕后，单击"确定"按钮	步骤10：在弹出的对话框中，单击"是"按钮，系统将重新启动。至此，完成设置DSQC 651板的操作
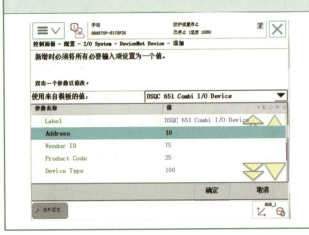	

二、设置I/O信号

DSQC 651 板支持数字输入、数字输出、组输入、组输出和模拟输出等多种信号的处理。为了能在系统中识别这些信号，需要将相应的信号添加到系统中，并设置信号的名称、类型、所在的I/O板和占用的地址等。下面主要介绍数字输入、输出信号的设置。

1. 设置数字输入信号 di1

本任务中设置数字输入信号 di1 所使用的参数如表 3-8 所示。

表 3-8　设置数字输入信号 di1 所使用的参数

参数名称	参数值	说明
Name	di1	设置数字输入信号的名称
Type of Signal	Digital Input	设置信号的类型
Assigned to Device	d651	设置信号所在的 I/O 板
Device Mapping	0	设置信号所占用的地址

设置数字输入信号 di1 的具体操作步骤如表 3-9 所示。

表 3-9　设置数字输入信号 di1 的具体操作步骤

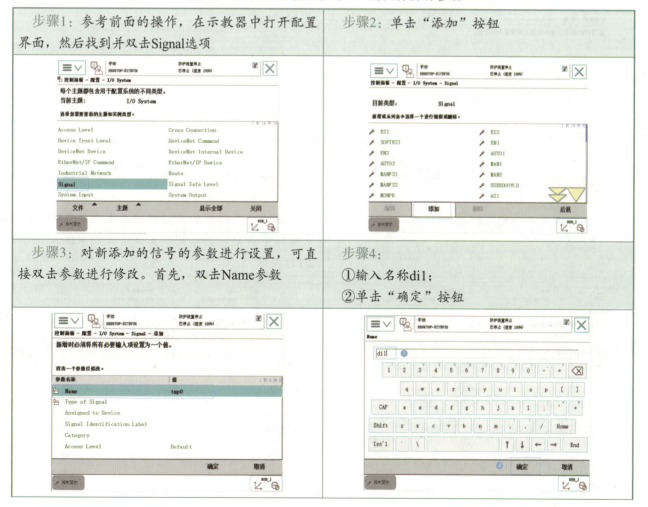

续表

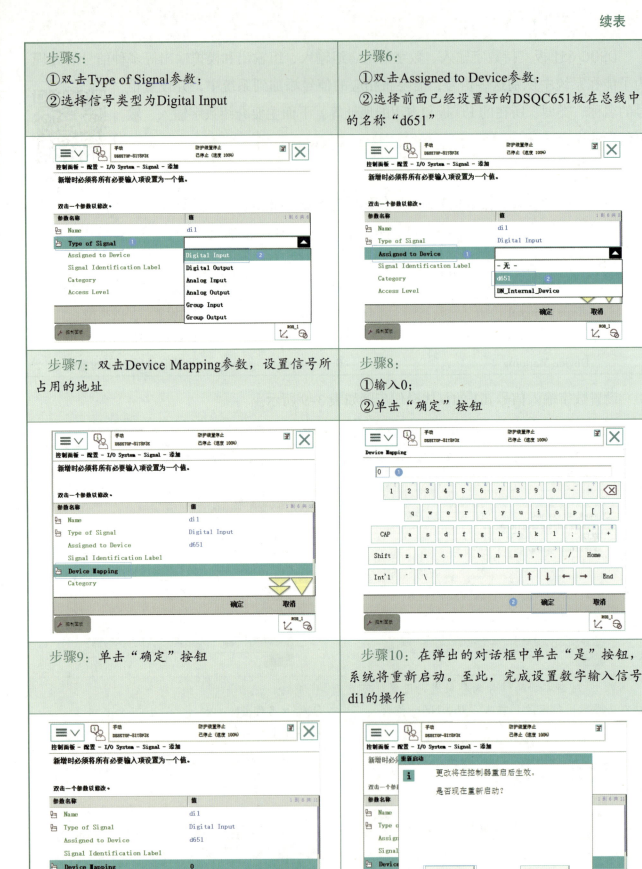

2. 设置数字输出信号 do1

本任务中设置数字输出信号 do1 所使用的参数如表 3-10 所示。

设置数字输出信号 DO1

表 3-10 设置数字输出信号 do1 使用的相关参数

参数名称	参数值	说明
Name	do1	设置数字输出信号的名称
Type of Signal	Digital Output	设置信号的类型
Assigned to Device	d651	设置信号所在的 I/O 板
Device Mapping	32	设置信号所占用的地址

设置数字输出信号 do1 的具体操作步骤如表 3-11 所示。

表 3-11 设置数字输出信号 do1 的具体操作步骤

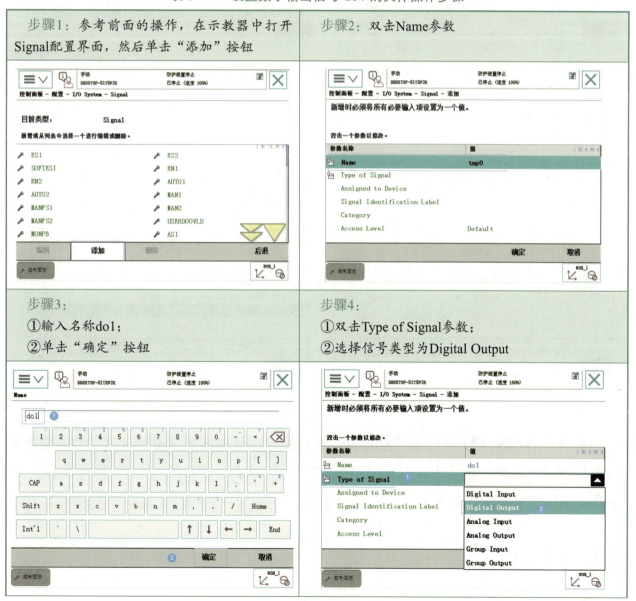

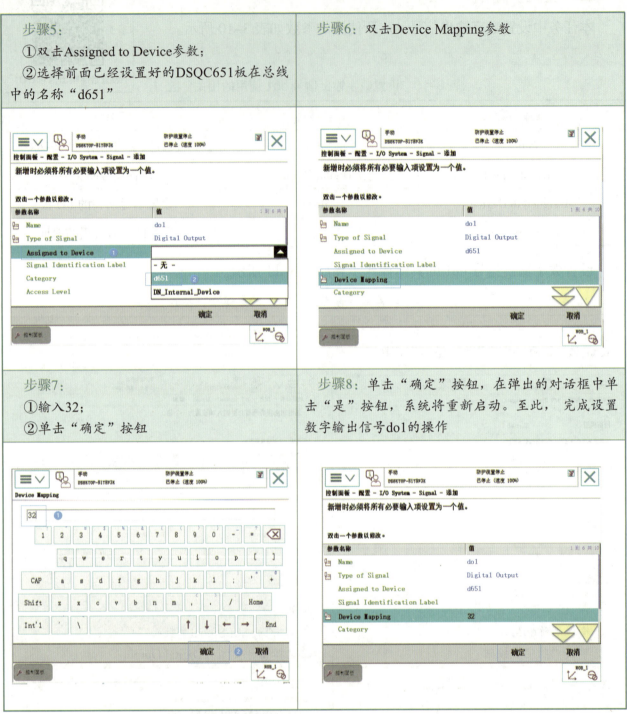

知识角：DSQC 651 板还支持组输入、组输出和模拟输出等信号的处理。如有需要，可参照上述"设置数字输入信号 di1"和"设置数字输出信号 do1"的步骤进行操作，在系统中添加并设置这些信号。

任务测评

对本任务的知识掌握与技能运用情况进行测评，并将结果填入表 3-12 内。

表3-12 任务测评表

项目	序号	测评内容	自我评价	教师评价
基础素养（30分）	1	无迟到、无早退、无旷课（10分）		
	2	团结协作能力、沟通能力（10分）		
	3	安全规范操作（10分）		
知识掌握与技能运用（70分）	1	正确说出常见的ABB工业机器人I/O接口类型（10分）		
	2	正确设置DSQC 651板（20分）		
	3	正确设置数字输入信号di1（20分）		
	4	正确设置数字输出信号do1（20分）		
综合评价				

任务二　关联I/O信号

任务情景导入

工业机器人操作员小张与师傅老李配置好ABB标准I/O板后，老李告诉小张："虽然已经在系统中添加并设置好了I/O板的数字输入信号和数字输出信号，但是这两个信号对工业机器人来讲是做什么的，我们还没有给出一个答案。因此，我们还无法通过这两个信号来控制工业机器人和周边设备。"随后，老李开始教小张如何将设置好的I/O信号与工业机器人自身的控制、状态信号关联在一起，从而实现通过I/O信号控制工业机器人和周边设备。

任务目标

1. 掌握数字输入信号与ABB工业机器人控制信号的关联方法
2. 掌握数字输出信号与ABB工业机器人状态信号的关联方法
3. 树立严谨细致的工匠精神

相关知识

将I/O板的输入信号（如前面设置好的数字输入信号di1）与工业机器人系统的控制信号关联起来，便可以通过示教器或周边设备对工业机器人进行控制操作，如控制电动机的开关、程序的启停等。常用的工业机器人系统控制信号如表3-13所示。

表 3-13 常用的工业机器人系统控制信号

序号	控制信号名称	说明
1	Motors On	电动机通电
2	Motors Off	电动机断电
3	Start	起动运行
4	Start at Main	从主程序起动运行
5	Stop	暂停
6	Quick Stop	快速停止
7	Stop at end of Cycle	在循环结束后停止
8	Interrupt	中断触发
9	Load and Start	加载程序并起动运行
10	Reset Emergency Stop	急停复位
11	Motors On and Start	电动机通电并起动运行
12	System Restart	重启系统
13	Load	加载程序
14	Backup	系统备份
15	PP to Main	指针移至主程序

将输出信号（如前面设置好的数字输出信号 do1）与工业机器人系统的状态信号关联起来，便可将其状态输出给外围设备，可作监视、控制之用。常用的工业机器人系统状态信号如表 3-14 所示。

表 3-14 常用的工业机器人系统状态信号

序号	状态信号名称	说明
1	Motors On	电动机通电
2	Motors Off	电动机断电
3	Cycle On	程序运行状态
4	Emergency Stop	紧急停止
5	Auto On	自动运行状态
6	Runchain OK	程序执行错误报警
7	TCP Speed	工具中心点速度 （以模拟量输出当前工业机器人速度）
8	Motors On State	电动机通电状态

续表

序号	状态信号名称	说明
9	Motors Off State	电动机断电状态
10	Power Fail Error	动力供应失效状态
11	Motion Supervision Triggered	碰撞检测被触发
12	Motion Supervision On	动作监控打开状态
13	Path Return Region Error	返回路径失败状态
14	TCP Speed Reference	工具中心点速度参考状态（以模拟量输出当前工业机器人速度）
15	Simulated I/O	虚拟 I/O 状态
16	Mechanical Unit Active	激活机械单元
17	Task Executing	任务运行状态
18	Mechanical Unit Not Moving	机械单元没有运行
19	Production Execution Error	程序运行错误报警
20	Backup in Progress	系统备份进行中
21	Backup Error	备份错误报警

 任务实施

一、关联数字输入信号 di1 与系统控制信号

将前面设置好的数字输入信号 di1 与工业机器人系统控制信号（以"Motors On"为例）相关联的具体操作步骤如表 3-15 所示。

关联数字输入 DI1 与系统控制信号

表 3-15 关联数字输入信号 di1 与系统控制信号"Motors On"的具体操作步骤

步骤1：参考前面的操作，在示教器中打开配置界面，然后双击System Input选项	步骤2：单击"添加"按钮

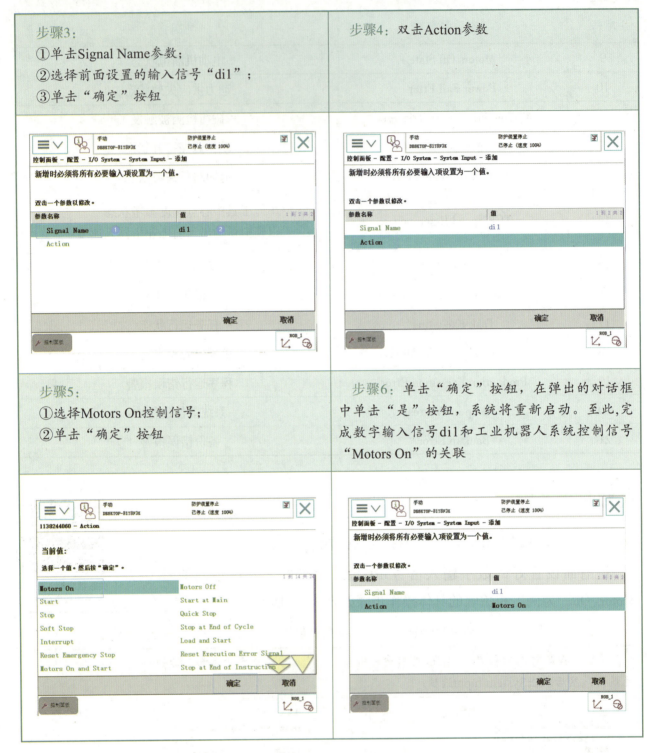

二、关联数字输出信号 do1 与系统状态信号

将前面设置好的数字输出信号 do1 与工业机器人系统状态信号（以"Motors On State"为例）相关联的具体操作步骤如表 3-16 所示。

关联数字输出 DO1
与系统状态信号

表 3-16 关联数字输出信号 do1 与系统状态信号 "Motors On State" 的具体操作步骤

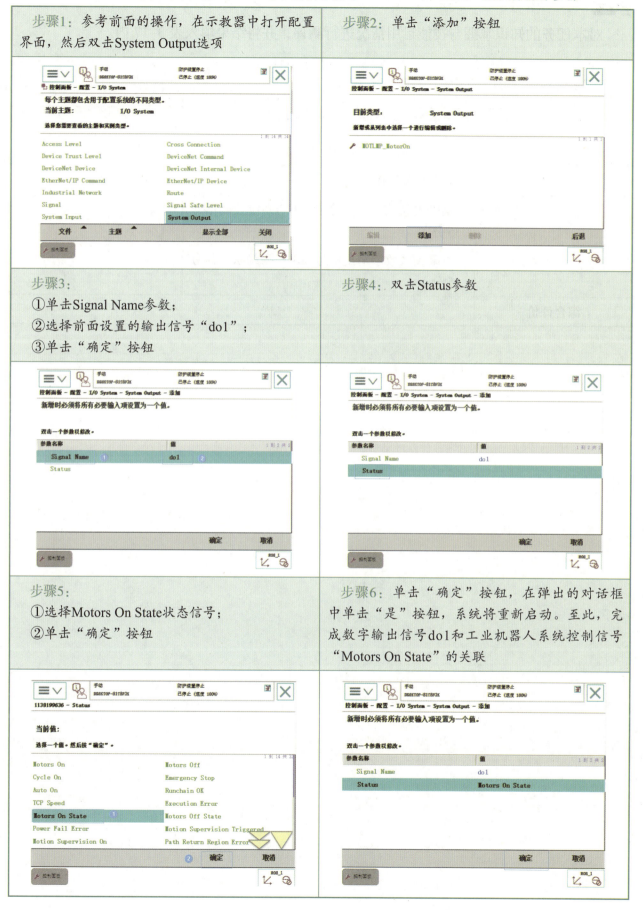

任务测评

对本任务的知识掌握与技能运用情况进行测评,并将结果填入表3-17内。

表3-17 任务测评表

项目	序号	测评内容	自我评价	教师评价
基础素养 (30分)	1	无迟到、无早退、无旷课(10分)		
	2	团结协作能力、沟通能力(10分)		
	3	安全规范操作(10分)		
知识掌握与 技能运用 (70分)	1	正确关联数字输入信号di1与系统控制信号(35分)		
	2	正确关联数字输出信号do1与系统状态信号(35分)		
综合评价				

项目四

涂胶轨迹单元设计与实现

工业机器人广泛应用于喷涂、搬运码垛、焊接、组装和切割等生产场合，随着工业机器人技术的发展，其应用领域也在不断拓展。

本项目主要介绍工业机器人涂胶工具的拾取与放置、工业机器人圆形涂胶轨迹任务设计与实现和工业机器人定制涂胶轨迹任务设计与实现。

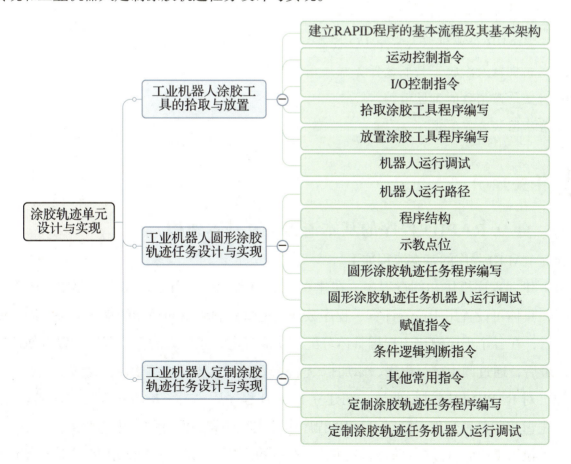

任务一　工业机器人涂胶工具的拾取与放置

 任务情景导入

小李来到一个 ABB 工业机器人作业车间实习，通过查阅操作手册和带班师傅的指导，他很快就能够对工业机器人进行一些简单的手动操作。然而，从未进行过编程操作的他，面对示教器中显示的一连串编程指令有些茫然。为了让他掌握基本的编程技能，带班师傅为小李设置了工业机器人自动拾取、放置涂胶工具的工作任务，那么，任务中用到的 RAPID 编程指令有哪些？它们都有什么作用？在进行编程时又该如何添加这些指令呢？

 任务目标

1. 了解建立 RAPID 程序的基本流程
2. 掌握 ABB 工业机器人常用运动控制指令
3. 掌握工件坐标系 Offs 偏移功能指令
4. 掌握 ABB 工业机器人常用 I/O 控制指令
5. 完成机器人涂胶工具取放任务程序编写与调试
6. 树立严谨细致的工匠精神
7. 培养团队合作意识

 相关知识

一、建立 RAPID 程序的基本流程及其基本架构

建立 RAPID 程序的基本流程如下。

（1）建立程序模块和例行程序。在建立 RAPID 程序时，首先应确定需要用到的程序模块数量，具体可设置用于位置计算、程序数据、逻辑控制等不同功能的程序模块，以方便管理；然后，在各个程序模块中根据具体分配的功能确定需要建立的例行程序，以方便调用和管理；最后，通过调用例行程序、添加指令等完成 RAPID 程序的编辑。

（2）对 RAPID 程序进行调试。在建立 RAPID 程序后，为了检查程序的语法是否正确、程序的逻辑控制是否合理，应对 RAPID 程序中的主程序和各例行程序进行调试。

（3）设置 RAPID 程序自动运行。对 RAPID 程序的调试是在手动操作模式下进行的，调试好 RAPID 程序后，应将工业机器人系统投入自动运行状态，并查验运行结果是否符合设计要求。

（4）保存程序模块。在确认 RAPID 程序自动运行正常且符合设计要求后，可根据需要将程序模块保存在工业机器人的硬盘或 U 盘上，以便于后期查验和继续使用。

一个 RAPID 程序称为一个任务，它由一系列的模块（包括程序模块和系统模块两类）组成。由于系统模块主要用于系统方面的控制，且多由机器厂商或生产线建立者创建，故通常只通过建立程序模块来构建 RAPID 程序。RAPID 程序的基本架构如表 4-1 所示。

表 4-1　RAPID 程序的基本架构

RAPID 程序				
程序模块 1	程序模块 2	…	程序模块 n	系统模块
程序数据	程序数据	…	程序数据	通常由机器人厂商或生产线建立者创建
主程序 main	—	—	—	
例行程序	例行程序	…	例行程序	
中断程序	中断程序	…	中断程序	
功能	功能	…	功能	

一个 RAPID 程序可以包含多个程序模块，但其中只有一个主程序 main，它作为整个 RAPID 程序的起点，可存在于任意一个程序模块中。程序模块包含程序数据、例行程序、中断程序和功能 4 种对象，但在同一个程序模块中不一定都有这 4 种对象，且这些对象在各程序模块间可以被相互调用。

二、运动控制指令

工业机器人在空间中的运动主要有绝对位置运动、关节运动、线性运动和圆弧运动 4 种，分别通过 4 种不同的运动指令来实现。

1. 绝对位置运动指令（MoveAbsJ）

绝对位置运动指令是机器人通过使用 6 个轴和外轴的角度值来定义目标位置数据的指令，常用于机器人 6 个轴回到机械原点的位置。程序举例：MoveAbsJ jpos10\NoEOffs，v1000, z50, tool1\wobj1。

绝对位置运动指令参数解析如表 4-2 所示。

表 4-2　绝对位置运动指令参数及说明

参数名称	说明
jpos10	目标点位置数据：定义机器人工具中心点的运动目标，可以在示教器中单击"修改位置"进行修改。
\NoEOffs	外轴不带偏移数据
v1000	运动速度数据，1000 mm/s：定义速度（mm/s）。在手动限速状态下，所有运动速度为 250 mm/s。

续表

参数名称	说明
z50	转弯区数据，转弯区的数值越大，机器人的动作越圆滑与流畅；定义转弯区的大小（mm），转弯区数据为fine，是指机器人工具中心点达到目标点，在目标点速度降为零。机器人动作有所停顿后再向下运动，如果是一段路径的最后一个点，转变区数据一定要为fine。
tool1	工具坐标数据：定义当前指令使用的工具。
wobj1	工件坐标数据：定义当前指令使用的工件坐标。

2. 关节运动指令（MoveJ）

关节运动指令是在对路径精度要求不高的情况下，将机器人的工具中心点快速移动至给定目标点的指令。它的运行轨迹不一定是直线，且整条轨迹只关注起点和终点。程序举例：MoveJ p20，v1000, z50, tool1\wobj1。

如图 4-1 所示，机器人工具中心点从当前位置 p10 处运动至 p20 处，运动轨迹并不是直线。速度是 1000 mm/s，转弯区数据是 50 mm。距离 p10 点还有 50 mm 的时候开始转弯使用的是工具坐标数据 tool1，工件坐标数据为 wobj1。需要注意的是，关节运动指令适合机器人大范围运动，运动过程中不易出现机械死点状态。

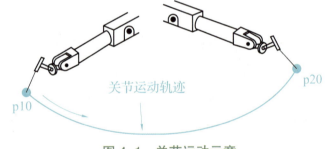

图 4-1 关节运动示意

关节运动指令参数解析如表 4-3 所示。

表 4-3 关节运动指令参数及说明

参数名称	说明
p20	目标点位置数据
v1000	运动速度数据，1000 mm/s
z50	转弯区数据，转弯区的数值越大，机器人的动作越圆滑与流畅
tool1	工具坐标数据
wobj1	工件坐标数据

3. 线性运动指令（MoveL）

线性运动指令是将机器人工具中心点沿直线移动至给定目标点。它适用于对路径精度要求高的场合，工业生产中主要应用于激光切割、涂胶、弧焊等。程序举例：MoveL p20, v1000, fine, tool1\wobj1。线性运动示意如图 4-2 所示。

图 4-2 线性运动示意

线性运动指令参数解析如表 4-4 所示。

表 4-4 线性运动指令参数及说明

参数名称	说明
p20	目标点位置数据
v1000	运动速度数据，1000 mm/s
fine	转弯区数据，转弯区的数值越大，机器人的动作越圆滑与流畅
tool1	工具坐标数据
wobj1	工件坐标数据

4. 圆弧运动指令（MoveC）

圆弧运动指令是将机器人工具中心点沿圆弧轨迹移动至给定目标点。程序举例：MvoeC p20，p30，v1000, z50, tool1\ wobj1。

圆弧路径是在机器人可到达的空间范围内定义 3 个位置点，第 1 个点是当前位置点，也就是圆弧的起点；第 2 个点用于确定圆弧的曲率；第 3 个点是圆弧的终点。圆弧运动示意如图 4-3 所示。

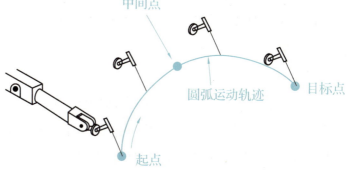

图 4-3 圆弧运动示意

圆弧运动指令参数解析如表 4-5 所示。

表 4-5 圆弧运动指令参数及说明

参数名称	说明
p20	圆弧第 2 点目标位置数据
p30	圆弧第 3 点目标位置数据
v1000	运动速度数据，1000 mm/s
z50	转弯区数据，转弯区的数值越大，机器人的动作越圆滑与流畅
tool1	工具坐标数据
wobj1	工件坐标数据

5. 偏移指令（Offs）

偏移指令是以选定的目标点为基准，沿着选定的工件坐标系的 X/Y/Z 轴方向进行偏移。程序举例：MoveL offs（p10, 0, 0, 40），v100, z50, tool0\wobj:=wobj0。

此程序是将机器人工具中心点移动至以 p10 为基准点，沿着工件坐标系的 Z 轴正方向偏移 40 mm 的位置。

三、I/O 控制指令

I/O 控制指令用于控制 I/O 信号，以实现机器人与其周边设备进行通信的目的。基本的 I/O 控制指令如下。

（1）Set 数字信号置位指令。该指令用于将数字输出信号置于"1"位，从而使对应的执行器开始工作。例如：

Set do1;

表示将数字输出信号 do1 置于"1"位。

（2）Reset 数字信号复位指令。该指令用于将数字输出信号置于"0"位。例如：

Reset do1;

表示将数字输出信号 do1 置于"0"位。

如果在 Set, Reset 指令前有运动指令 MoveL, MoveJ, MoveC 或 MoveAbsJ, 则转弯区数据必须使用 fine 才能使机器人对数字输出信号进行准确的置位。

（3）WaitDI 数字输入信号判断指令。该指令用于判断数字输入信号的值是否与目标一致。例如：

WaitDI di1, 1;

表示判断数字输入信号 di1 的值是否为目标值 1。程序在执行此指令时，将等待 di1 的值为 1。若 di1 的值为 1, 则程序继续向下执行；若当达到最大等待时间 300 s（此时间可以根据实际情况进行设定）时，di1 的值仍不为 1, 则机器人报警或进入出错处理程序。

（4）WaitDO 数字输出信号判断指令。该指令用于判断数字输出信号的值是否为目标值一致。例如：

WaitDO do1, 1;

表示判断数字输出信号 do1 的值是否为目标值 1。程序在执行此指令时，将等待 do1 的值为 1。若 do1 为 1, 则程序继续向下执行；若当达到最大等待时间 300 s（此时间可以根据实际情况进行设定）时，do1 的值仍不为 1, 则机器人报警或进入出错处理程序。

（5）WaitTime 时间等待指令。该指令用于程序在等待一个指定的时间后，再继续向下执行。例如：

WaitTime 4;

表示等待 4 s 后，程序再继续向下执行。

四、任务探究

1. 机器人运行路径

通过任务要求及观看工业机器人任务运行视频确定机器人运动路径：工作原点→工具正上方点位→工具点位→拾取、放置工具动作→工具正上方点位→工作原点。

取工具机器人运行视频

2. 程序结构

程序结构如图4-4所示。

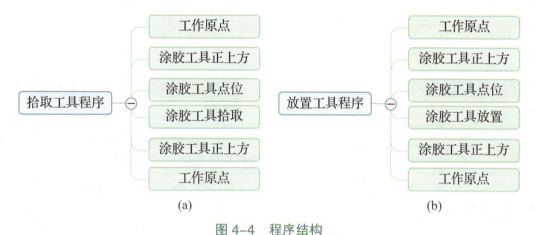

图 4-4 程序结构

（a）拾取工具程序结构；（b）放置工具程序结构

 **任务实施**

一、拾取涂胶工具程序编写

拾取涂胶工具程序编写的具体操作步骤如表4-6所示。

取放工具任务程序编写

表 4-6 拾取涂胶工具程序编写的具体操作步骤

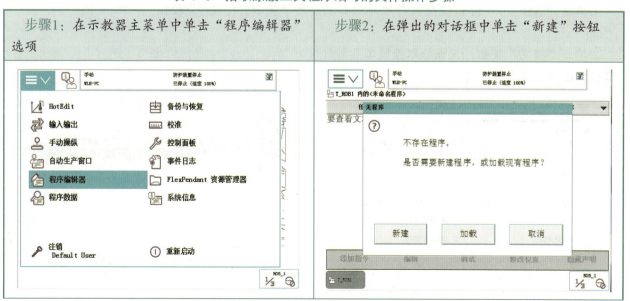

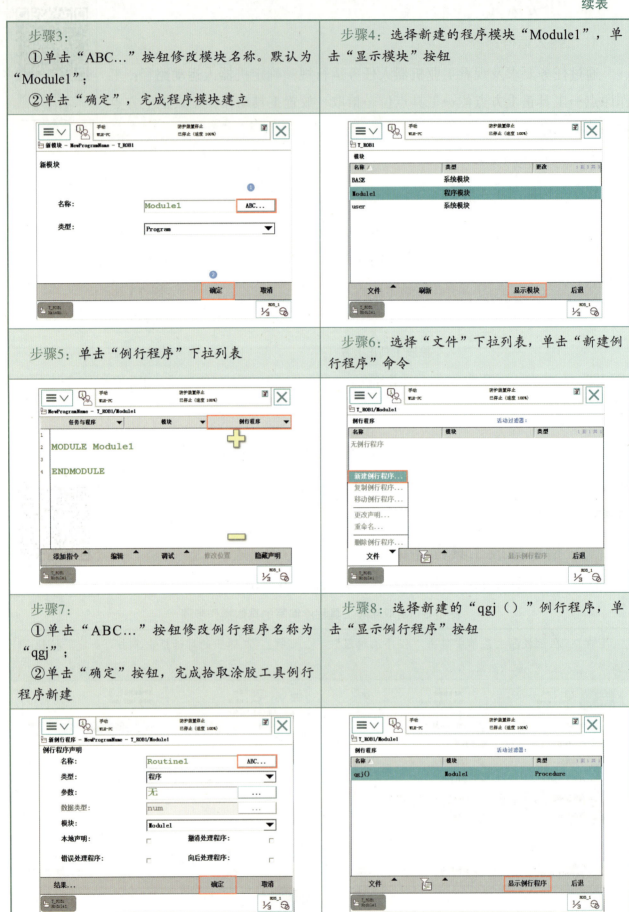

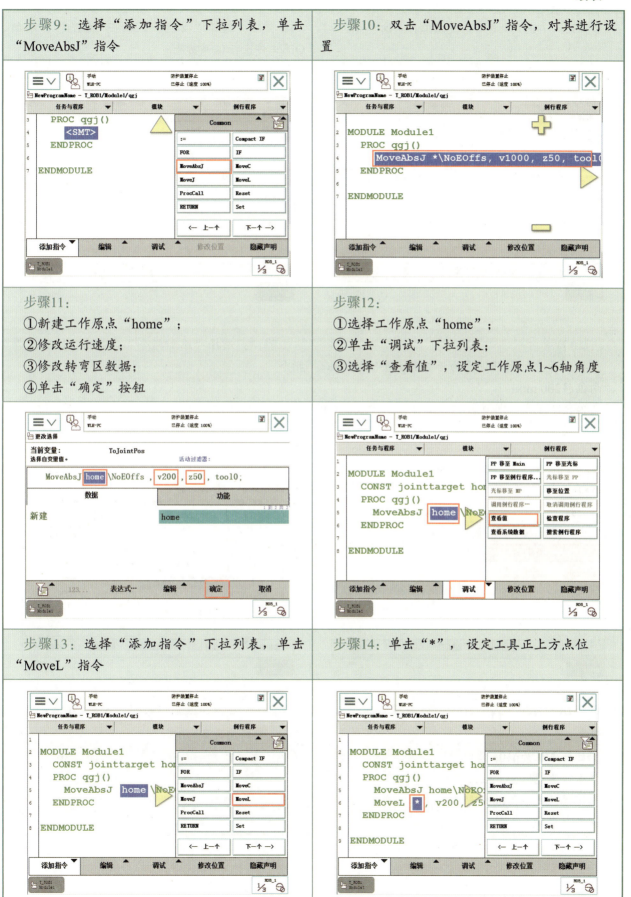

续表

步骤15：单击"新建"，建立工具点位"p10"	步骤16：选择"功能"，单击"Offs"，添加Offs工件坐标偏移功能
	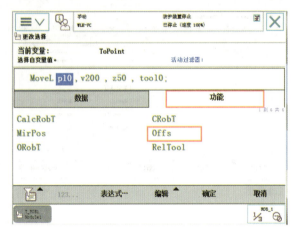
步骤17： ①将工件坐标偏移设置为沿工具p10点位Z轴正方向偏移200 mm； ②单击"确定"按钮，完成工具正上方200 mm点位设置	步骤18：选择"添加指令"，单击"MoveL"指令
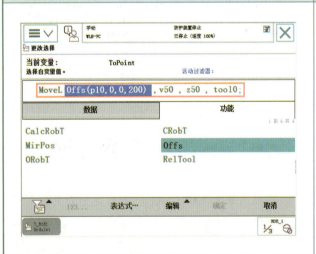	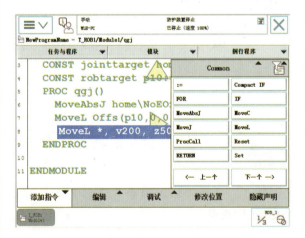
步骤19：双击"MoveL"，对新添加的指令进行设置： ①目标点位为p10； ②运行速度为50 mm/s； ③转弯区数据为fine； ④单击"确定"按钮	步骤20：选择"添加指令"，单击"WaitTime"指令，将时间设置为0.5 s

续表

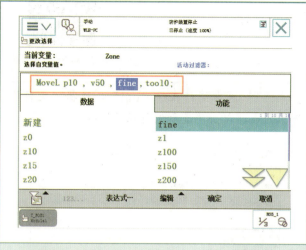	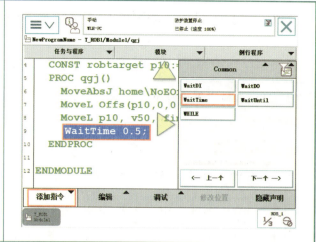
步骤21：选择"添加指令"，单击"Reset"指令，设置复位快换工具I/O信号："handchange_start"，拾取涂胶工具	步骤22：选择"添加指令"，单击"WaitTime"指令，将时间设置为0.5 s
	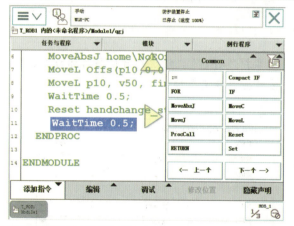
步骤23：选择"添加指令"，单击"MoveL"指令。添加机器人回工具正上方200 mm点位指令	步骤24：选择"添加指令"，单击"MoveAbsJ"指令。添加机器人回工作原点指令，完成拾取涂胶工具程序编写
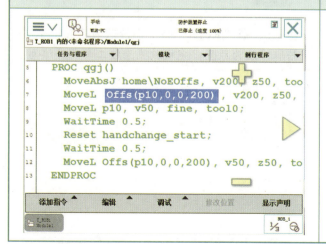	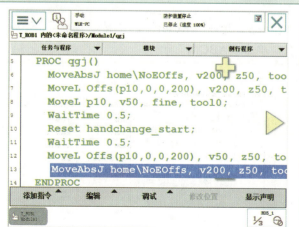

二、放置涂胶工具程序编写

放置涂胶工具程序编写的具体操作步骤如表4-7所示。

取放工具点位校准视频

表4-7 放置涂胶工具程序编写的具体操作步骤

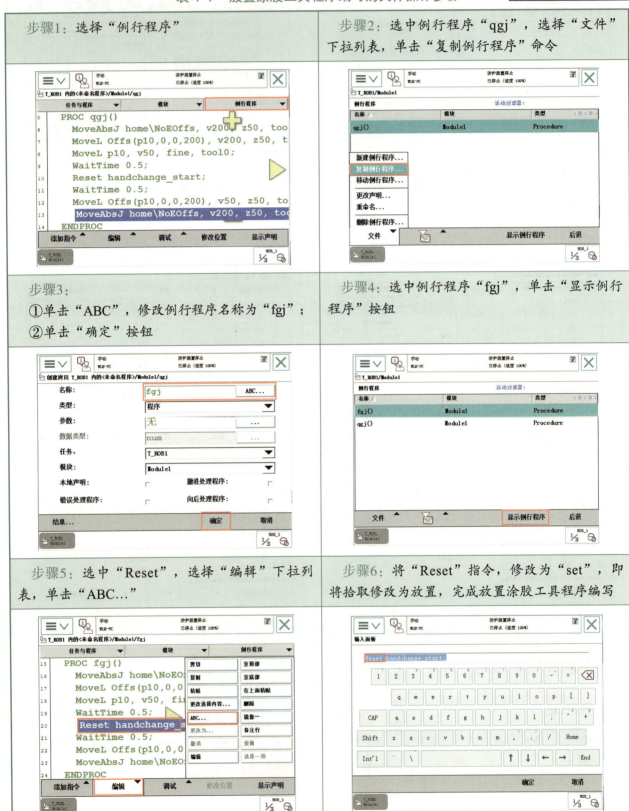

步骤1：选择"例行程序"

步骤2：选中例行程序"qgj"，选择"文件"下拉列表，单击"复制例行程序"命令

步骤3：
①单击"ABC"，修改例行程序名称为"fgj"；
②单击"确定"按钮

步骤4：选中例行程序"fgj"，单击"显示例行程序"按钮

步骤5：选中"Reset"，选择"编辑"下拉列表，单击"ABC..."

步骤6：将"Reset"指令，修改为"set"，即将拾取修改为放置，完成放置涂胶工具程序编写

三、机器人运行调试

机器人运行调试的具体操作步骤如表 4-8 所示。

放置工具机器人运行视频

表 4-8 机器人运行调试的具体步骤

步骤1：手动操纵机器人，将机器人移动到涂胶工具位置；在例行程序"qgj"中，选中"p10"，单击"修改位置"按钮，完成涂胶工具点位数据校准	步骤2：选择"调试"下拉列表，单击"PP移至例行程序"命令
	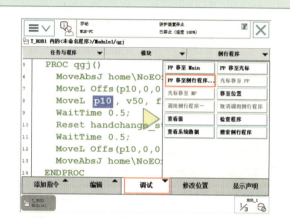
步骤3：选中例行程序"qgj"，单击"确定"按钮	步骤4：按下示教器"使能器"按钮，在状态栏确认电动机处于开启状态
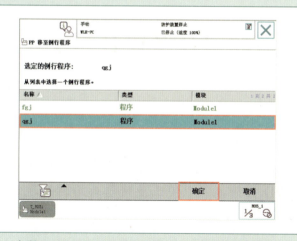	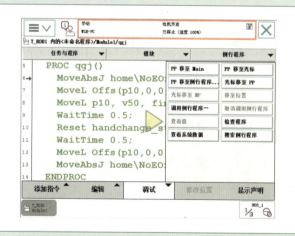
步骤5：按下"运行"按钮，完成拾取涂胶工具程序运行调试	步骤6：重复步骤2~5，选择例行程序"fgj"，完成放置涂胶工具程序运行调试
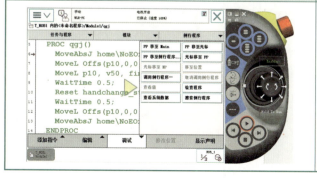	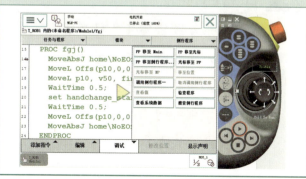

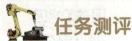
任务测评

对本任务的知识掌握与技能运用情况进行测评,并将结果填入表4-9内。

表 4-9 任务测评表

项目	序号	测评内容	自我评价	教师评价
基础素养 (30分)	1	无迟到、无早退、无旷课(10分)		
	2	团结协作能力、沟通能力(10分)		
	3	安全规范操作(10分)		
知识掌握与 技能运用 (70分)	1	完成拾取涂胶工具程序编写(20分)		
	2	完成放置涂胶工具程序编写(10分)		
	3	完成工作原点设定、涂胶工具点位校准(10分)		
	4	完成拾取涂胶工具程序运行调试(20分)		
	5	完成放置涂胶工具程序运行调试(10分)		
综合评价				

任务二 工业机器人圆形涂胶轨迹任务设计与实现

任务情景导入

小李已经掌握涂胶工具的取放和工具数据建立,开始步入涂胶轨迹任务的学习,师傅老赵给小李圆形轨迹练习画板,让他设计一个RAPID程序,可以使工业机器人沿运行轨迹运动,小李需要做哪些工作呢?

任务目标

1. 了解圆形涂胶轨迹任务程序结构
2. 掌握圆形涂胶轨迹任务程序编写
3. 完成圆形涂胶轨迹任务运行调试
4. 树立严谨细致的工匠精神
5. 培养团队合作意识

相关知识

在工业机器人异形插件工作站中,针对涂胶单元面板上的圆形外壳涂胶轨迹,如图 4-5 所示,本任务对工业机器人操作编程实现以下动作流程。

(1)工业机器人动作起始点为 home 点。

(2)工业机器人拾取涂胶工具。

(3)以 B1 点为起始点和结束点,顺时针完成圆形轨迹涂胶。

(4)涂胶工具的工具中心点位于涂胶单元轨迹线槽的中心线,偏离涂胶单元平面上方 5 mm 距离。

(5)轨迹速度为 0.1 m/s。

(6)工业机器人放回涂胶工具。

(7)工业机器人动作结束点为 home 点。

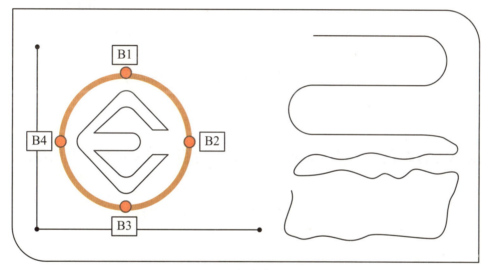

图 4-5 涂胶单元面板

一、机器人运行路径

通过任务要求及观看工业机器人任务运行视频确定机器人运行路径。

1. 拾取、放置涂胶工具动作

工作原点→工具正上方点位→工具点位→拾取、放置工具动作→工具正上方点位→工作原点。

2. 圆形涂胶轨迹动作

工作原点→涂胶起点 B1 正上方点位→涂胶起点 B1 → B2 → B3 → B4 →涂胶结束点 B1 →涂胶结束点 B1 正上方点位→工作原点。

二、程序结构

根据机器人运行路径分析,将机器人圆形涂胶轨迹任务主程序分为拾取涂胶工具程序、圆形涂胶轨迹程序、放置涂胶工具程序 3 个部分。程序结构如图 4-6 所示。

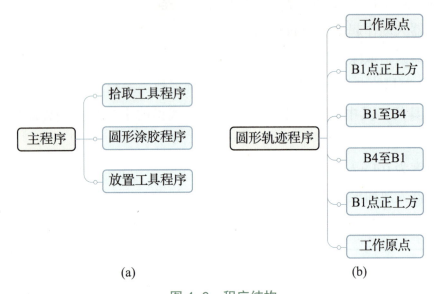

图 4-6 程序结构

(a)主程序结构;(b)圆形轨迹程序结构

三、示教点位

根据机器人运行路径及程序结构确定程序编写过程中需要示教的点位数据,如表 4-10 所示。

表 4-10 圆形涂胶轨迹任务点位数据

序号	点位名称	注释
1	home	机器人工作原点,程序中运用 MoveAbsJ 指令设定
2	p10	涂胶工具点位,需示教
3	b1	涂胶点位 1,需示教
4	b2	涂胶点位 2,需示教
5	b3	涂胶点位 3,需示教
6	b4	涂胶点位 4,需示教

 任务实施

一、圆形涂胶轨迹任务程序编写

圆形涂胶轨迹任务程序编写的具体操作步骤如表 4-11 所示。

圆形轨迹涂胶任务运行视频

圆形轨迹涂胶任务程序编写

项目四　涂胶轨迹单元设计与实现

表4-11　圆形涂胶轨迹任务程序编写的具体操作步骤

步骤1：在程序编辑器中建立程序模块"Module1"	步骤2： ①建立并编写拾取涂胶工具例行程序"qgj()"； ②建立并编写放置涂胶工具例行程序"fgj()"
步骤3： ①建立涂胶轨迹例行程序"tjB()"； ②选中例行程序"tjB()"，单击"显示例行程序"	步骤4：选择"添加指令"下拉列表，单击"MoveAbsJ"命令，添加工作原点home
步骤5：选择"添加指令"下拉列表，单击"MoveL"命令，运用Offs工件坐标偏移功能添加涂胶起点b1正上方高度50 mm点位程序	步骤6：选择"添加指令"下拉列表，单击"MoveL"命令，添加涂胶起点b1点位程序。并将涂胶速度改为100 mm/s，转弯区数据更改为fine

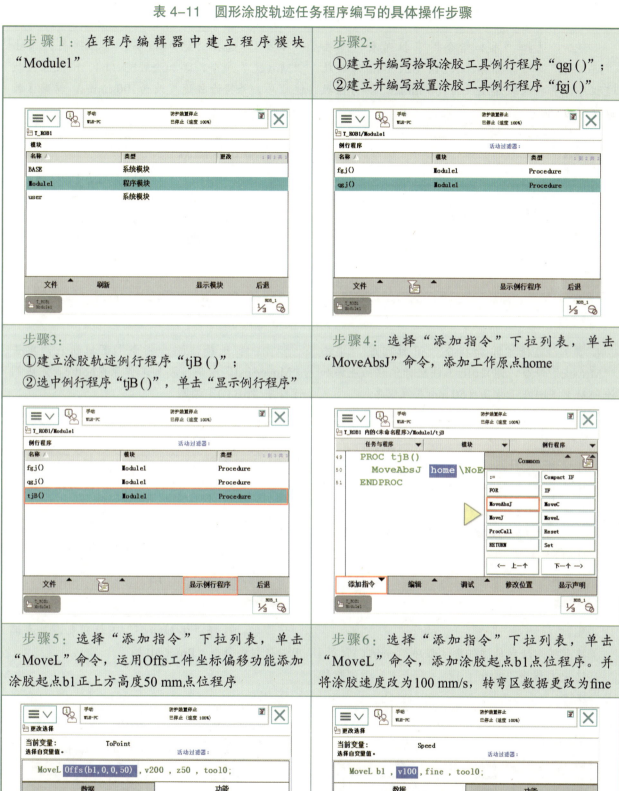

89

续表

步骤7：选择"添加指令"下拉列表，单击"MoveC"命令，添加涂胶b1、b2、b3点涂胶轨迹程序。并将涂胶速度改为100 mm/s，转弯区数据更改为fine	步骤8：选择"添加指令"下拉列表，单击"MoveC"命令，添加涂胶b3、b4、b1点涂胶轨迹程序。并将涂胶速度改为100 mm/s，转弯区数据更改为fine
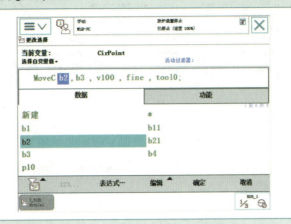	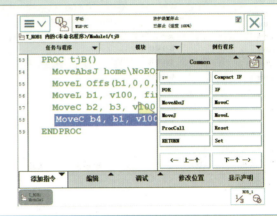
步骤9：选择"添加指令"下拉列表，单击"MoveL"命令，运用offs工件坐标偏移功能添加涂胶结束点b1正上方高度50 mm点位程序	步骤10：选择"添加指令"下拉列表，单击"MoveAbsJ"命令，添加工作原点home。完成例行程序"tjB( )"编写
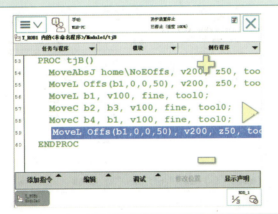	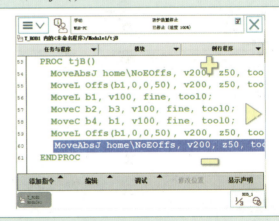
步骤11： ①建立圆形涂胶轨迹任务主程序"main( )"； ②选中主程序"main( )"，单击"显示例行程序"按钮	步骤12：选择"添加指令"下拉列表，单击调用例行程序命令"ProcCall"
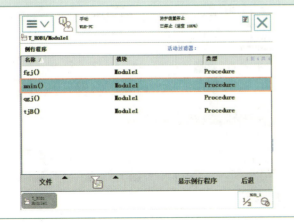	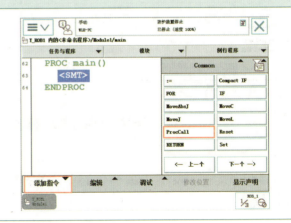

续表

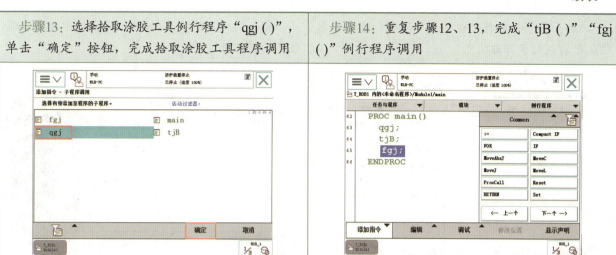

二、圆形涂胶轨迹任务机器人运行调试

圆形涂胶轨迹任务机器人运行调试的具体操作步骤如表4-12所示。

圆形轨迹涂胶任务点位校准视频

表4-12 圆形涂胶轨迹任务机器人运行调试的具体操作步骤

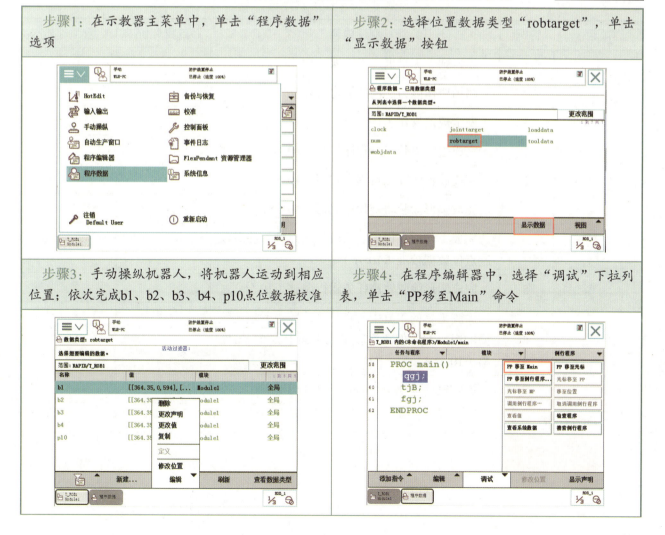

续表

步骤5：按下示教器"使能器"按钮，在状态栏确认电动机处于开启状态	步骤6：按下"运行"按钮，完成圆形涂胶轨迹任务运行调试
	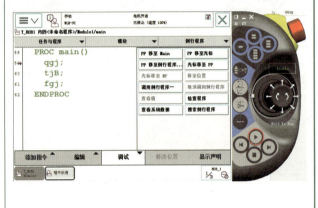

任务测评

对本任务的知识掌握与技能运用情况进行测评，并将结果填入表4-13内。

表4-13 任务测评表

项目	序号	测评内容	自我评价	教师评价
基础素养 （30分）	1	无迟到、无早退、无旷课（10分）		
	2	团结协作能力、沟通能力（10分）		
	3	安全规范操作（10分）		
知识掌握与 技能运用 （70分）	1	完成拾取涂胶工具程序编写（10分）		
	2	完成放置涂胶工具程序编写（10分）		
	3	完成圆形涂胶轨迹程序编写（10分）		
	4	完成工作原点设定、涂胶工具点位、涂胶轨迹点位数据校准（10分）		
	5	完成圆形涂胶轨迹任务运行调试（10分）		
	6	涂胶工具的工具中心点位于涂胶单元轨迹线槽的中心线，偏离涂胶单元平面上方5 mm距离（10分）		
	7	涂胶轨迹速度100 mm/s（10分）		
综合评价				

任务三　工业机器人定制涂胶轨迹任务设计与实现

任务情景导入

小李在汽车车身装配车间实习过程中，发现机器人操作员选择不同的车型，工业机器人对应完成相应车型车窗涂胶任务。于是小李跟师傅老赵请教了如何控制机器人完成多种类型涂胶轨迹。

任务目标

1. 掌握 ABB 工业机器人常用条件逻辑判断指令
2. 完成定制涂胶轨迹任务程序编写
3. 完成定制涂胶轨迹任务运行调试
4. 树立精益求精的工匠精神
5. 培养团队合作意识

相关知识

在工业机器人异形插件工作站中，针对涂胶单元面板上的方形（A 轨迹）、圆形（B 轨迹）外壳涂胶轨迹（如图 4-7 所示），本任务对工业机器人操作编程实现以下动作流程。

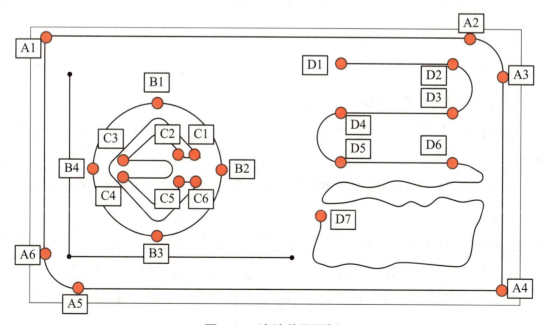

图 4-7　涂胶单元面板

（1）工业机器人动作起始点为 home 点。
（2）工业机器人拾取涂胶工具。

（3）当数字输入信号 di1 为 1 时，机器人以 A1 点为起始点和结束点，逆时针完成方形轨迹涂胶，涂胶工艺要求如下：

①涂胶工具的工具中心点位于涂胶单元轨迹线槽的中心线，偏离涂胶单元平面上方 5 mm 距离；

②涂胶停留特征点为 A3，停留时间为 3 s；

③轨迹速度为 0.2 m/s；

④涂胶次数为组输入信号 gi3_7 的数值。

（4）当数字输入信号 di 2 为 1 时，机器人以 B1 点为起始点和结束点，顺时针完成圆形轨迹涂胶，涂胶工艺要求如下：

①涂胶工具的工具中心点位于涂胶单元轨迹线槽的中心线，偏离涂胶单元平面上方 5 mm 距离；

②轨迹速度为 0.1 m/s；

③涂胶次数为组输入信号 gi3_7 的数值。

（5）工业机器人放回涂胶工具。

（6）工业机器人动作结束点为 home 点。

一、赋值指令

赋值指令用于对程序数据进行赋值，其符号为":="，赋值对象可以是常量，也可以是数学表达式。赋值指令常见用法示例如下。

```
reg1:=17;                /* 将常量 17 赋给 reg1*/
reg2:= reg1+8;           /* 将表达式 reg1+8 的返回值赋给 reg2*/
counter:=counter+1;      /*counter 增加 1*/
```

二、条件逻辑判断指令

条件逻辑判断指令用于对条件进行判断，然后执行相应的操作。它是 RAPID 程序中重要的组成部分。常用的条件逻辑判断指令如下。

（1）Compact IF 紧凑型条件判断指令。该指令用于当一个条件满足了以后就执行一句指令的情况。例如：

```
IF flag1=TRUE Set do1;
```

表示如果条件 flag1 的状态为 TRUE，则数字输出信号 do1 被置于"1"位。

（2）IF 条件判断指令。该指令是根据不同的条件去执行不同的指令，条件判定的条件数量可以根据实际情况增加或减少。例如：

```
IF num1=1 THEN
  flag1:=TRUE;
```

```
ELSEIF num1=2 THEN
flag1:=FALSE;
ELSE
Set do1;
ENDIF
```

表示如果 num1 为 1，则 flag1 会赋值为 TRUE；如果 num1 为 2，则 flag1 会赋值为 FALSE；而如果是以上两种条件之外的情况，则将输出信号 do1 置于"1"位。

（3）FOR 重复执行判断指令。该指令适用于一个或多个指令需要重复执行数次的情况。例如：

```
FOR i from 1 to 10 do
Routine1;
ENDFOR
```

表示将例行程序 Routine1 重复执行 10 次。

（4）WHILE 条件判断指令。该指令用于在满足给定条件的情况下，一直重复执行对应指令的情况。例如：

```
WHILE num1>num2 do
mun1:=num1-1;
ENDWHILE
```

表示在满足条件 num1>num2 的情况下，程序就一直执行对 num1 逐次减 1 的操作。

三、其他常用指令

（1）ProcCall 调用例行程序指令。该指令适用于在指定位置调用例行程序，可在"添加指令"列表中选择"ProcCall"选项，查找并选中所要调用的例行程序，然后单击"确定"完成操作。

（2）RETURN 返回例行程序指令。执行该指令，程序会立即结束指令中例行程序的执行，并返回至调用此例行程序的位置继续向下执行。例如：

```
PROC Routine1()
MoveL p10,v300,fine,tool1\Wobj:=wobj1;
Routine2;
Set do1;
ENDPROC
PROC Routine2()
IF di1=1 THEN
RETURN;
```

```
EISE
    Stop;
ENDIF
ENDPROC
```

表示程序在满足条件"di1=1"时,将执行 RETURN 指令,返回至调用程序 Routine2( )的位置,并继续向下执行 Set 指令。

四、程序结构

根据机器人定制涂胶轨迹任务要求,将机器人定制涂胶轨迹任务主程序分为拾取涂胶工具程序、涂胶轨迹总程序、放置涂胶工具程序 3 个部分,其中涂胶轨迹总程序,分为涂胶 A 轨迹程序和涂胶 B 轨迹程序。程序结构如图 4-8 所示。

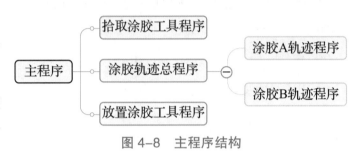

图 4-8 主程序结构

五、控制流程图

根据机器人定制涂胶轨迹任务要求,得出控制逻辑关系为:

(1)如果数字输入信号 di1 为 1,则开始涂胶 A 轨迹作业,并且循环次数为组输入信号 gi3_7 的数值。

(2)如果数字输入信号 di2 为 1,则开始涂胶 B 轨迹作业,并且循环次数为组输入信号 gi3_7 的数值。

程序控制流程如图 4-9 所示。

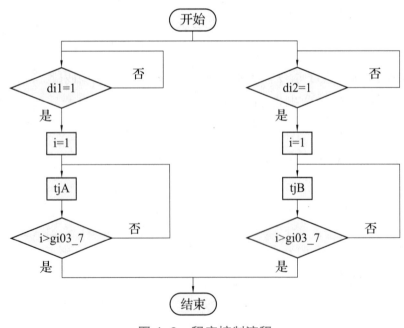

图 4-9 程序控制流程

六、示教点位

根据机器人定制涂胶轨迹任务要求及程序结构确定程序编写过程中需要示教的点位数据，如表4-14所示。

表4-14 定制涂胶轨迹任务点位数据

序号	点位名称	注释
1	home	机器人工作原点，程序中运用MoveAbsJ指令设定
2	p10	涂胶工具点位，需示教
3	a1~a6	涂胶A轨迹点位，需示教
4	a21	涂胶A轨迹A2~A3段曲率点位，需示教
5	a51	涂胶A轨迹A5~A6段曲率点位，需示教
6	b1~b4	涂胶B轨迹点位，需示教

 任务实施

 定制涂胶轨迹任务运行视频

 定制涂胶轨迹任务程序编写

一、定制涂胶轨迹任务程序编写

定制涂胶轨迹任务程序编写的具体操作步骤如表4-15所示。

表4-15 定制涂胶轨迹任务程序编写的具体操作步骤

步骤1：在程序编辑器中建立程序模块"Module1"	步骤2： ①建立并编写拾取涂胶工具例行程序"qgj()"； ②建立并编写放置涂胶工具例行程序"fgj()"

续表

步骤3： ①建立并编写涂胶A轨迹例行程序"tjA( )"； ②建立并编写涂胶B轨迹例行程序"tjB( )"	步骤4： ①建立涂胶轨迹例行程序"tjZ( )"； ②选中例行程序"tjZ( )"，单击"显示例行程序"按钮
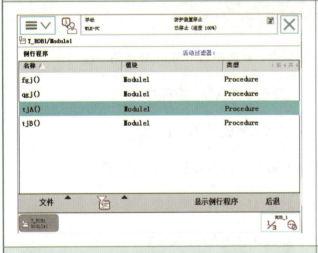	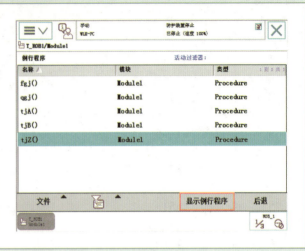
步骤5：选择"添加指令"下拉列表，单击"IF"，添加IF判断指令	步骤6：单击"更改数据类型"按钮
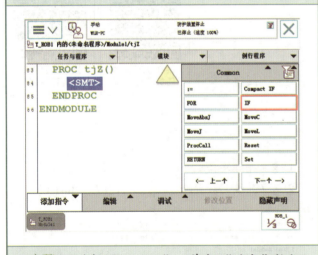	
步骤7：选择"signaldi"，单击"确定"按钮	步骤8：选择"di1"
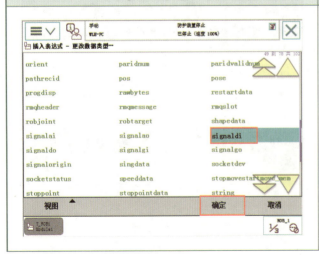	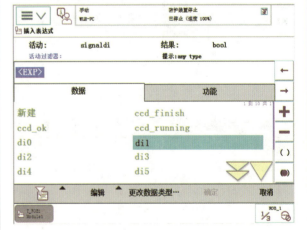

项目四 涂胶轨迹单元设计与实现

续表

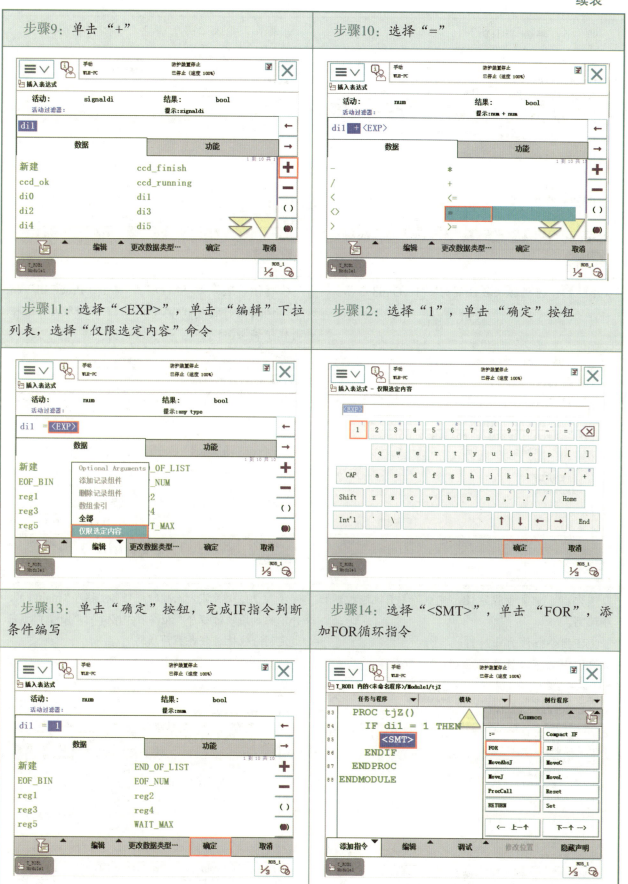

步骤15：单击"<ID>"	步骤16：输入"i"，单击"确定"
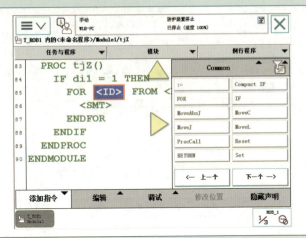	
步骤17：将循环次数设置为"1 TO gi3_7"	步骤18：选择"<SMT>"，单击"ProcCall"指令，调用例行程序"tjA ( )"，完成涂胶A轨迹控制程序编写
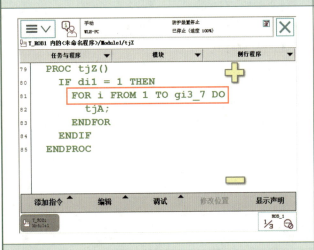	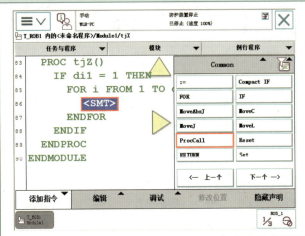
步骤19：重复步骤5~18，完成涂胶B轨迹控制程序编写。 ①IF指令条件为 di2=1； ②FOR循环次数为1 TO gi3_7	步骤20：建立定制涂胶轨迹任务主程序"main ( )"，并依次调用例行程序"qgj ( )""tjZ ( )""fgj ( )"，完成定制涂胶轨迹任务程序编写
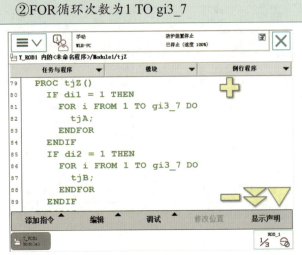	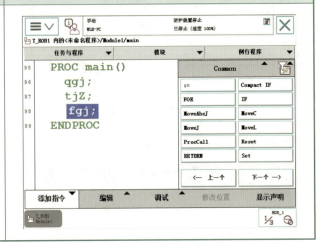

二、定制涂胶轨迹任务机器人运行调试

定制涂胶轨迹任务机器人运行调试的具体操作步骤如表4-16所示。

表4-16 定制涂胶轨迹任务机器人运行调试的具体操作步骤

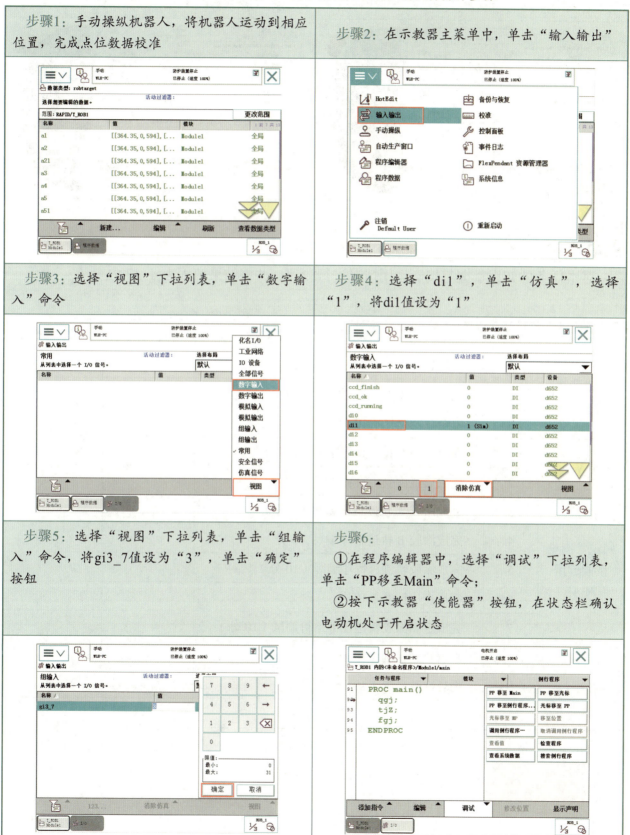

步骤7：按下"运行"按钮，完成定制涂胶轨迹任务运行调试，涂胶A轨迹，循环3次	步骤8：重复步骤2~7，将di1设为"0"，di2设为"1"，gi3_7设为"2"。完成定制涂胶轨迹任务运行调试，涂胶B轨迹，循环2次
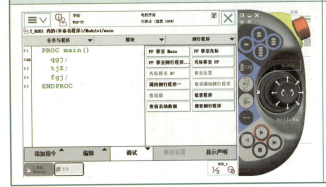	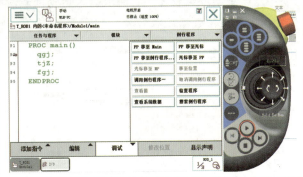

 ## 任务测评

对本任务的知识掌握与技能运用情况进行测评，并将结果填入表4-17内。

表4-17 任务测评表

项目	序号	测评内容	自我评价	教师评价
基本素养（30分）	1	无迟到、无早退、无旷课（10分）		
	2	团结协作能力、沟通能力（10分）		
	3	安全规范操作（10分）		
知识掌握与技能运用（70分）	1	完成拾取涂胶工具程序编写（5分）		
	2	完成放置涂胶工具程序编写（5分）		
	3	完成涂胶A轨迹程序编写（5分）		
	4	完成涂胶B轨迹程序编写（5分）		
	5	完成涂胶轨迹总程序编写（10分）		
	6	完成点位校准（10分）		
	7	完成定制涂胶轨迹任务运行调试（10分）		
	8	涂胶轨迹正确（10分）		
	9	循环次数准确（10分）		
综合评价				

项目五
搬运码垛、焊接单元设计与实现

采用工业机器人实现搬运码垛作业，不仅可以节省人工成本，还可提升作业效率和作业精度。焊接作业时的工作环境比较恶劣，采用工业机器人实现焊接作业可将操作人员从恶劣环境中解放出来；此外，通过精确的程序控制，可明显提高焊接质量和作业效率。

本项目主要介绍工业机器人基础码垛任务设计与实现、工业机器人定制码垛任务设计与实现和焊接实训单元设计与实现。

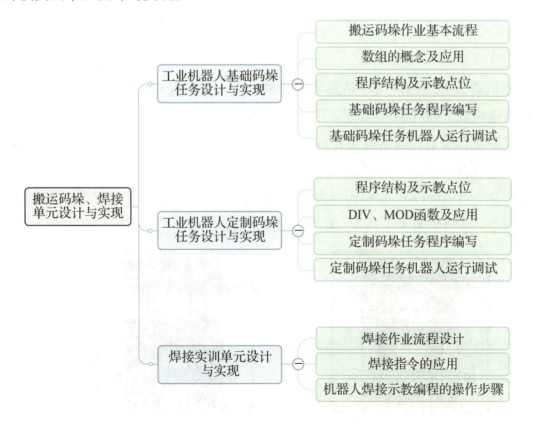

任务一　工业机器人基础码垛任务设计与实现

任务情景导入

小李来到仓库实习,仓库建立了几个码垛工作站,由机器人自动完成货物码放工作,通过之前的实习,小李学会了机器人取放工具、涂胶轨迹等任务的设计与实现,如何让机器人自动码垛呢,师傅老张给小李进行了讲解。

任务目标

1. 熟悉机器人搬运码垛作业基本流程
2. 了解数组的概念及应用
3. 完成基础码垛任务程序编写
4. 完成基础码垛任务运行调试
5. 树立精益求精的工匠精神
6. 提升团队合作意识

相关知识

在工业机器人异形插件工作站搬运码垛单元中,物料长 66 mm,宽 33 mm,高 15 mm,本任务对工业机器人操作编程实现以下动作流程:

(1)工业机器人动作起始点为 home 点;

(2)工业机器人拾取夹爪工具;

(3)将平台 A 中的 6 个物料由底部依次取出摆放在平台 B 上,底层垛型为垛型 1,顶层垛型为垛型 2,分别如图 5-1(a)、图 5-1(b)所示;

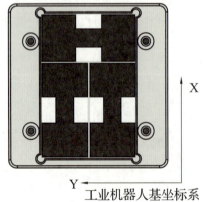

图 5-1　物料摆放要求
(a)垛型 1;(b)垛型 2

（4）工业机器人放回夹爪工具；

（5）工业机器人动作结束点为 home 点。

一、搬运码垛作业基本流程

工业机器人的搬运功能被广泛应用在食品、医药、化工、金属加工等领域，涉及物流输送、周转、仓储等作业。采用工业机器人代替人工来实现搬运作业，可明显节省劳动力成本，大幅提升工业生产效率；同时，工业机器人具有较高的定位精度，可降低搬运作业的产品损坏率。

工业机器人的搬运动作可分解为抓取工件、移动工件、放置工件等一系列子任务，只是采用的工具不同，具体的作业流程也有所不同。以采用夹爪工具为例，搬运作业的任务分配如图 5-2 所示。

码垛是在搬运的基础上，将工件整齐、规则地摆放成货垛的作业形式。工业机器人码垛作业实质上是搬运作业的一种特殊形式，它需要对机器人事先进行路径规划，然后根据规划好的路径把工件从一个位置搬运到另一个位置，只是每次搬运工件的目标位置（放置点）有所不同。在设计 RAPID 程序时，可利用数组来存储工件的放置点数据，从而使程序可以灵活调用这些数据。

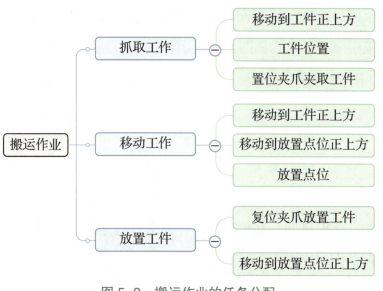

图 5-2 搬运作业的任务分配

二、数组的概念及应用

1. 数组的概念

在定义程序数据时，可以将同种类型、同种用途的数值存放在同一个数据中，每个数值对应一个索引号；当调用该数据时，需要写明索引号来指定调用的是该数据中的哪个数值，这种数据形式就是数组。

在 RAPID 程序中可定义一维数组、二维数组以及三维数组。例如，定义一维数组：

CONST num num1{3}:=[5,7,9];

若令 num2:=num1{2}，则 num2 被赋值为 7，而 num1{1} 和 num1{3} 则分别对应数值 5 和 9。

又如，定义二维数组：

CONST num num1 {3,4}:=[[1,2,3,4],[5,6,7,8], [9,10,11,12]];

若令 num2:=num1{3,2}，则 num2 被赋值为 10（第 3 组数列的第 2 个数值）。

2. 数组的应用

对于一些常见的工业机器人码垛作业，可以利用数组来存放各个放置点数据，以便在程序中直接调用这些数据。例如，对于本任务的搬运码垛单元，可以采用以下方法定义放置点位。

首先，建立一个点位数组：PERS robtarget pm{6};

在该数组中共有 6 个点位数据，pm{1}~pm{3} 对应垛型 1 的 3 个物料在底层的放置点位，pm{4}~pm{6} 对应垛型 2 的 3 个物料在顶层的放置点位。

三、程序结构及示教点位

根据机器人基础码垛任务要求，将机器人基础码垛任务主程序分为拾取夹爪工具程序、码垛总程序、放置夹爪工具程序 3 个部分；其中，码垛总程序分为拾取码垛程序和放置码垛程序。程序结构如图 5-3 所示。

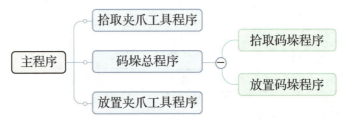

图 5-3 基础码垛任务程序结构

根据机器人基础码垛任务要求及程序结构确定程序编写过程中需要示教的点位数据，如表 5-1 所示。

表 5-1 基础码垛任务点位数据

序号	点位名称	注释
1	home	机器人工作原点，程序中运用 MoveAbsJ 指令设定
2	p10	夹爪工具点位，需示教
3	p20	物料拾取点位，需示教
4	pm{1}~pm{3}	垛型 1 各物料在底层的点位，需示教
5	pm{4}~pm{6}	垛型 2 各物料在顶层的点位，需示教

 任务实施

一、基础码垛任务程序编写

基础码垛任务程序编写的具体操作步骤如表 5-2 所示。

基础码垛任务运行视频

基础码垛任务程序编写

表 5-2 基础码垛任务程序编写的具体操作步骤

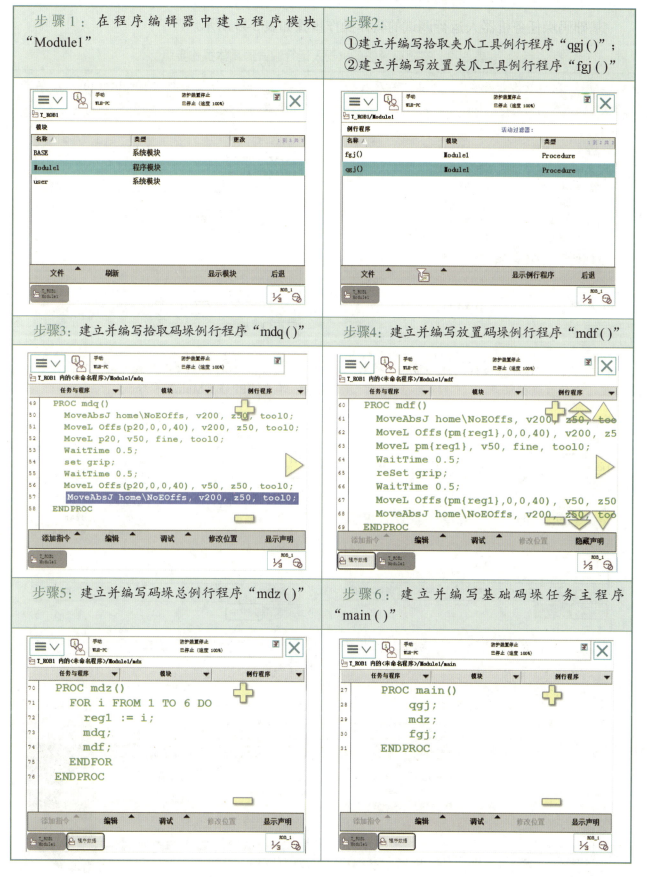

二、基础码垛任务机器人运行调试

基础码垛任务机器人运行调试的具体操作步骤如表 5-3 所示。

表 5-3 基础码垛任务机器人运行调试的具体操作步骤

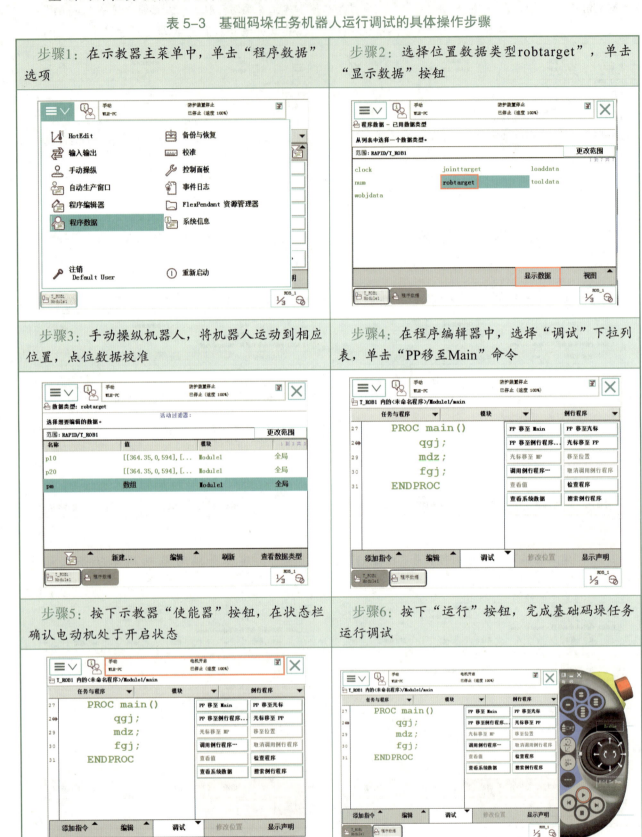

任务测评

对本任务的知识掌握与技能运用情况进行测评,并将结果填入表 5-4 内。

表 5-4 任务测评表

项目	序号	测评内容	自我评价	教师评价
基础素养 (30 分)	1	无迟到、无早退、无旷课(10 分)		
	2	团结协作能力、沟通能力(10 分)		
	3	安全规范操作(10 分)		
知识掌握与 技能运用 (70 分)	1	完成拾取夹爪工具程序编写(5 分)		
	2	完成放置夹爪工具程序编写(5 分)		
	3	完成拾取物料程序编写(5 分)		
	4	完成放置物料程序编写(5 分)		
	5	完成码垛总程序编写(10 分)		
	6	完成点位校准(10 分)		
	7	底层垛型正确(10 分)		
	8	顶层垛型正确(10 分)		
	9	完成机器人运行调试,无奇异点、无碰撞(10 分)		
综合评价				

任务二 工业机器人定制码垛任务设计与实现

任务情景导入

小李在仓库实习过程中,发现机器人操作员根据不同的物料选择不同的按键,工业机器人对应完成相应码垛垛型。于是小李跟师傅老赵请教了如何控制机器人完成定制码垛任务。

任务目标

1. 掌握 DIV、MOD 函数及应用
2. 掌握定制码垛任务程序编写
3. 完成定制码垛任务运行调试

4. 树立严谨细致的工匠精神

5. 提升团队合作意识

 ## 相关知识

在工业机器人异形插件工作站搬运码垛单元中，物料长 66 mm，宽 33 mm，高 15 mm，本任务对工业机器人操作编程实现以下动作流程。

（1）工业机器人动作起始点为 home 点。

（2）工业机器人拾取夹爪工具。

（3）将平台 A 中的物料由底部依次取出摆放在平台 B 上，码垛垛型如图 5-4 所示，工艺要求如下：

①组输入信号 gi0_1 为 1 时，第一层码垛垛型为码垛方式一；组输入信号 gi0_1 为 2 时，第一层码垛垛型为码垛方式二；组输入信号 gi0_1 为 3 时，第一层码垛垛型为码垛方式三。

②组输入信号 gi2_3 为 1 时，第二层码垛垛型为码垛方式一；组输入信号 gi0_1 为 2 时，第二层码垛垛型为码垛方式二；组输入信号 gi0_1 为 3 时，第二层码垛垛型为码垛方式三。

③组输入信号 gi4_7 的数值为码垛物料数量（6~15），码垛平台 B 最底层为第一层，所有奇数层码垛垛型均与第一层码垛垛型一致，所有偶数层码垛垛型均与第二层码垛垛型一致。

④每层物料码垛顺序均为由 1 到 3。

（4）工业机器人放回夹爪工具。

（5）工业机器人动作结束点为 home 点。

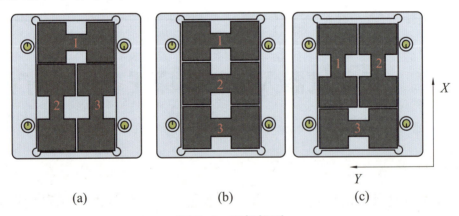

图 5-4 码垛垛型
（a）码垛方式一；（b）码垛方式二；（c）码垛方式三

一、程序结构及示教点位

根据机器人基础码垛任务要求，将机器人基础码垛任务主程序分为拾取夹爪工具程序、码垛总程序、放置夹爪工具程序 3 个部分；其中，码垛总程序分为拾取码垛程序和放置码垛程序。程序结构如图 5-5 所示。

图 5-5 基础码垛任务程序结构

根据机器人基础码垛任务要求及程序结构确定程序编写过程中需要示教的点位数据，如表 5-5 所示。

表 5-5 定制码垛任务点位数据

序号	点位名称	注释
1	home	机器人工作原点，程序中运用 MoveAbsJ 指令设定
2	p10	夹爪工具点位，需示教
3	p20	物料拾取点位，需示教
4	p30	物料拾取正上方点位，需示教
5	pm1{1}~pm1{3}	垛型 1 各物料在第一层的点位，需示教
6	pm1{4}~pm1{6}	垛型 2 各物料在第一层的点位，需示教
7	pm1{7}~pm1{9}	垛型 3 各物料在第一层的点位，需示教
8	pm{1}~pm{3}	奇数层各物料点位，程序设定
9	pm{4}~pm{6}	偶数层各物料点位，程序设定

二、DIV、MOD 函数及应用

1. DIV 函数

DIV 函数是用于计算整数除法的商的函数。

示例：

reg1:= 12 DIV 4;

即 reg1 的值为 3。

2. MOD 函数

MOD 函数是用于计算整数除法余数的函数。

示例：

reg1:= 14 MOD 4;

即 reg1 的值为 2。

3. DIV、MOD 函数应用

对于一些常见的工业机器人码垛作业，可以利用 DIV 函数来计算层数，MOD 函数来计算每层物料点位。例如，对于任务情景导入中的搬运码垛单元，可以采用以下方法计算。

首先，设置一个变量 n，其意义为物料的序号。

n-1 除以 3 的商再加 1 即为该物料应处于的层数，即：

(n-1) DIV 3 = 0 时为第一层；

(n-1) DIV 3 = 1 时为第二层；

(n-1) DIV 3 = 2 时为第三层；

(n-1) DIV 3 = 3 时为第四层。

当 n 除以 3 的余数为 0 时，表示该物料应处于 3 号点位；其余 n 除以 3 的余数即为该物料应处于的平面点位。即：

n MOD 3 = 1 时为 1 号点位；

n MOD 3 = 2 时为 2 号点位；

n MOD 3 = 0 时为 3 号点位。

4. 码垛总控制程序

```
proc mdz()                              /* 程序声明 */
for i from 1 to 3 do                    /* 循环3次计算垛型 */
    if gi0_1=1 pm{i}:=pm1{i};           /* 第一层为垛型1 */
    if gi0_1=2 pm{i}:=pm1{i+3};         /* 第一层为垛型2 */
    if gi0_1=3 pm{i}:=pm1{i+6};         /* 第一层为垛型3 */
    if gi2_3=1 pm{i+3}:=pm1{i};         /* 第二层为垛型1 */
    if gi2_3=2 pm{i+3}:=pm1{i+3};       /* 第二层为垛型2 */
    if gi2_3=3 pm{i+3}:=pm1{i+6};       /* 第二层为垛型3 */
endfor                                  /* 结束循环 */
! 将第一层垛型点位存放到 pm1{1}~pm1{3} 中
! 将第一层垛型点位存放到 pm1{4}~pm1{6} 中
for i from 1 to gi4_7 do                /* 循环 gi4_7 次 */
    n:=i;                               /* 记录当前物料数量 */
    mdq;                                /* 调用拾取物料程序 */
    x2:=(n-1) div 3;                    /* 计算当前物料应在层数 */
    x1:=n mod 3;                        /* 计算当前物料顺序号 */
    if x1=0 x1:=3;                      /* 若顺序号位0，则置位3 */
    if x2 mod 2=1 x1:=x1+3;             /* 若当前层数为偶数，则顺序号加3 */
    mdf;                                /* 调用放置物料程序 */
endfor                                  /* 结束循环 */
endproc                                 /* 结束程序 */
```

任务实施

定制码垛任务运行视频　　定制码垛任务程序编写

一、定制码垛任务程序编写

定制码垛任务程序编写的具体操作步骤如表 5-6 所示。

表 5-6　定制码垛任务程序编写的具体操作步骤

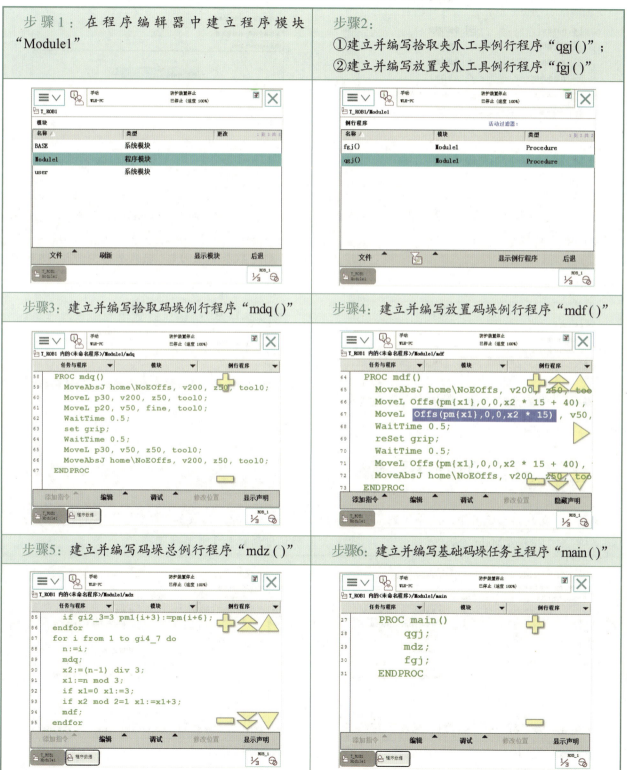

二、定制码垛任务机器人运行调试

定制码垛任务机器人运行调试的具体操作步骤如表 5-7 所示。

表 5-7　定制码垛任务机器人运行调试的具体操作步骤

步骤1：在示教器主菜单中，单击"程序数据"选项	步骤2：选择位置数据类型"robtarget"，单击"显示数据"按钮
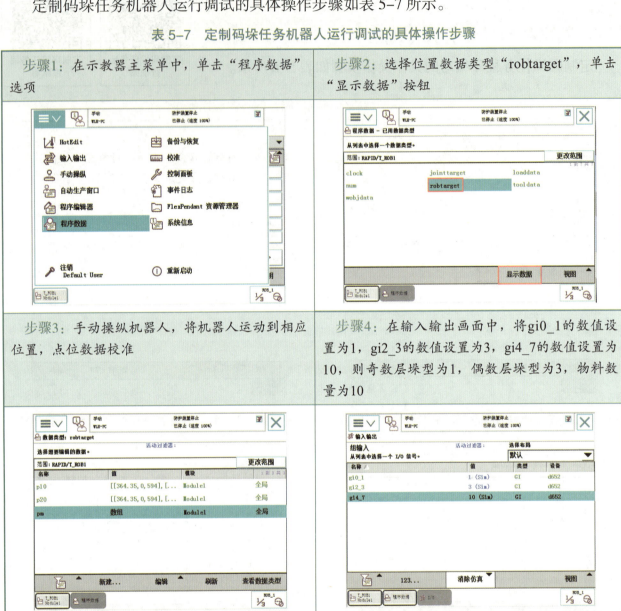	
步骤3：手动操纵机器人，将机器人运动到相应位置，点位数据校准	步骤4：在输入输出画面中，将gi0_1的数值设置为1，gi2_3的数值设置为3，gi4_7的数值设置为10，则奇数层垛型为1，偶数层垛型为3，物料数量为10
步骤5：在程序编辑器中，选择"调试"下拉列表，单击"PP移至Main"命令	步骤6：按下示教器"使能器"按钮，在状态栏确认电动机处于开启状态
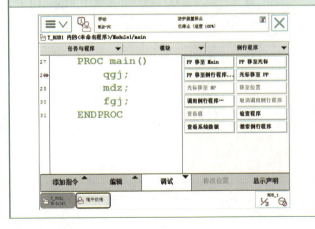	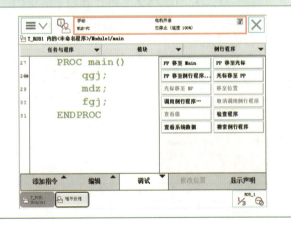

续表

步骤7：在程序编辑器中，选择"调试"下拉列表，单击"PP移至Main"命令
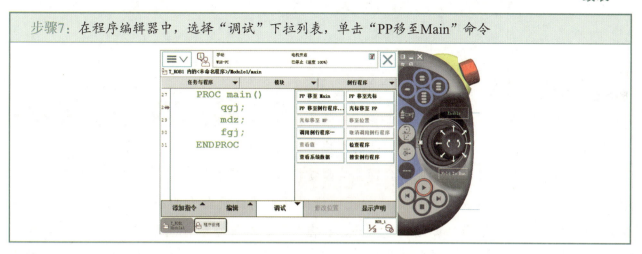

任务测评

对本任务的知识掌握与技能运用情况进行测评，并将结果填入表5-8内。

表5-8 任务测评表

项目	序号	测评内容	自我评价	教师评价
基础素养 （30分）	1	无迟到、无早退、无旷课（10分）		
	2	团结协作能力、沟通能力（10分）		
	3	安全规范操作（10分）		
知识掌握与 技能运用 （70分）	1	完成拾取夹爪工具程序编写（5分）		
	2	完成放置夹爪工具程序编写（5分）		
	3	完成拾取物料程序编写（5分）		
	4	完成放置物料程序编写（5分）		
	5	完成码垛总程序编写（10分）		
	6	完成点位校准（10分）		
	7	奇数层垛型正确（10分）		
	8	偶数层垛型正确（10分）		
	9	物料码垛顺序正确（10分）		
综合评价				

任务三　焊接实训单元设计与实现

任务情景导入

在某机械设备工厂做了十余年焊工的王师傅，在工厂新建自动化焊接车间后，被调去新车间负责工艺检测。面对正在进行调试的焊接机器人，想到自己十余年来的工作经历，王师傅不由得心生感慨。然而，当他拿到调试后焊接机器人加工的样品时，却紧皱眉头。凭借多年的焊接经验，一向对工作要求严苛的王师傅向负责调试机器人的小张提出了一系列的问题，包括焊接点定位不准、焊接轨迹偏移、存在气孔、焊缝结尾存在弧坑等，由此要求小张重新对机器人进行调试。面对王师傅提出的问题，小张重新对硬件设备进行了配置，并对运行程序和数据参数作了适当修正，最后终于使加工工件满足了王师傅的要求。

工业机器人用于焊接作业时，都会用到哪些程序指令？又该如何建立和调试焊接作业程序呢？

任务目标

1. 熟悉工业机器人焊接作业的基本流程
2. 掌握工业机器人焊接作业 RAPID 程序的建立和调试方法
3. 提升学生精益求精的工匠精神，养成良好的职业素养
4. 提升学生团队合作意识

相关知识

工业机器人焊接作业最早应用于汽车装配生产线，随着汽车、军工及重工等行业的快速发展，现已得到了广泛应用。作为先进的自动化焊接设备，工业机器人具有通用性强、焊接稳定、操作简捷和功能丰富等优点。

一、焊接作业流程设计

焊接作业所需设备主要包括工业机器人本体、控制器、示教器、气瓶和清枪装置等。若要工业机器人实现焊接作业，应依次完成配置 I/O 信号、设置焊接参数、创建相关程序数据、示教目标点、建立和调试 RAPID 程序等操作。

1. 焊接作业的基本流程

不同的焊接工艺，其作业流程也有所不同。本任务以 CO_2 气体保护焊为例，介绍其基本作业流程。

在焊接作业中，工业机器人的焊接动作可分解为检测夹具信号、检测焊枪信号、焊接工

件、清理焊枪等子任务。以任务情景导入中的案例为例，其焊接动作轨迹如图5-6所示。空闲时，焊枪在pHome点等待；在接到焊接指令后，系统开始检测装夹信号、焊枪信号和工件到位信号；确认满足焊接条件后，焊枪移动至接近点pPro并准备起弧；焊枪到达焊接开始点p10开始焊接，经中间点p20到达结束点p30，收弧后移动至离开点p40。

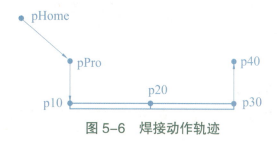

图5-6 焊接动作轨迹

2. CO_2 气体保护焊工艺

CO_2 气体保护焊是焊接工艺中的一种，它是以 CO_2 作为保护气体进行焊接的方法。在实际应用中操作简单，特别适合自动焊接和全位置焊接作业。由于 CO_2 气体保护焊在焊接时不能有风，因此多采用室内作业。

CO_2 气体保护焊工艺一般包括短路过渡和细滴过渡两种方式。

（1）短路过渡工艺：采用细焊丝、小电流和低电压进行焊接。焊接时，熔滴细小而过渡频率高，飞溅小，焊缝成形美观。短路过渡工艺主要用于薄板焊件焊接及全位置焊接。

（2）细滴过渡工艺：采用较粗的焊丝进行焊接，焊接电流较大，电弧电压也较高。焊接时，电弧是连续的，焊丝熔化后以细滴形式进行过渡，电弧穿透力强，母材熔深大。细滴过渡工艺适用于中厚板焊件的焊接。

CO_2 气体保护焊的焊接参数包括焊丝直径、焊接电流、电弧电压、焊接速度、保护气流量及焊丝伸出长度等。如果采用细滴过渡工艺进行焊接，电弧电压必须在34~45 V范围内，焊接电流则根据焊丝直径来选择。对于不同直径的焊丝，实现细滴过渡的焊接电流下限也不同，具体如表5-9所示。

表5-9 细滴过渡工艺焊接参数

焊丝直径 /mm	电流下限 /A	电弧电压 /V
1.2	300	34~45
1.6	400	
2.0	500	
4.0	700	

在焊接作业中，若 CO_2 气体浓度为99.5%以上，焊丝为直径1.2 mm的碳钢药芯，则其焊接参数如表5-10所示。

表 5-10 焊接参数

焊接参数	设定值	焊接参数	设定值
焊丝直径 /mm	1.2	焊接速度 /($m \cdot h^{-1}$)	40~60
电流下限 /A	300	保护气流量 /($L \cdot min^{-1}$)	25~50
电弧电压 /V	34~45		

3. 焊前准备

在进行焊接作业前，应做好以下准备工作。

（1）锁定焊弧工艺。在空载或调试焊接程序时，需要禁止焊接起动功能，或禁止其他功能（如摆动起动功能、跟踪起动功能、适用焊接速度功能等）。

（2）手动送丝和退丝。在确定引弧位置时，常常要使焊丝有合适的伸出长度并与工件轻轻接触，故需要手动送丝功能；若焊丝长度超过要求，则需要使用手动退丝功能或手工剪断。一般来说，焊丝伸出焊枪长度为焊丝直径的 15 倍，故手动送丝时，焊丝伸出长度为 10~15 mm。

（3）手动控制保护气。保护气的流量对焊接质量有重要影响，焊接时的保护气流量必须在焊前准备过程中调节好。

4. Torch Services 清枪系统

Torch Services 是焊枪的维护系统，如图 5-7 所示。在焊接过程中，Torch Services 需要用 3 个输出信号控制清焊渣、喷雾、剪焊丝动作的起动和停止，以保证焊接过程的顺利进行，从而减少人为干预，保证整个自动化焊接工作站流畅运转。

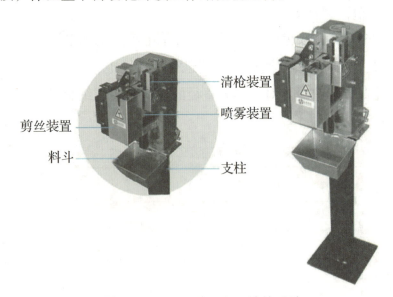

图 5-7 Torch Services 清枪系统

二、焊接指令的应用

ABB 焊接工业机器人编程使用的弧焊指令有 ArcL 和 ArcC，其功能相当于运动指令

MoveL 和 MoveC。弧焊指令 ArcL 和 ArcC 可实现焊枪的线性或圆弧运动以及定位。弧焊指令中还包含了 Seamdata、Welddata 和 Weavedata 3 组弧焊数据。

1. ArcL 指令

ArcL 指令为线性焊接指令，功能类似于 MoveL 指令，其主要包含以下 3 个选项。

（1）ArcLStart：线性焊接开始指令，表示工具中心点线性运动至目标点并开始焊接作业。该指令用于直线焊缝的焊接开始时刻。

（2）ArcLEnd：线性焊接结束指令，表示工具中心点线性运动至目标点并停止焊接作业。该指令用于直线焊缝的焊接结束时刻。

（3）ArcL：线性焊接指令，表示工具中心点从当前位置到目标点做线性焊接作业。该指令用于直线焊缝的焊接过程中。

2. ArcC 指令

ArcC 指令为圆弧焊接指令，功能类似于 MoveC，其主要包含以下 3 个选项。

（1）ArcCStart：圆弧焊接开始指令，表示工具中心点圆弧运动至目标点并开始焊接作业。该指令用于圆弧焊缝的焊接开始时刻。

（2）ArcCEnd：圆弧焊接结束指令，表示工具中心点圆弧运动至目标点并停止焊接作业。该指令用于圆弧焊缝的焊接结束时刻。

（3）ArcC：圆弧焊接指令，表示工具中心点从当前位置到目标点做圆弧焊接作业。该指令用于圆弧焊缝的焊接过程中。

> **知识角**：任何焊接程序都必须以 ArcLStart 指令或 ArcCStart 指令开始，通常采用 ArcLStart 指令作为焊接程序的起始语句。任何焊接程序都必须以 ArcLEnd 指令或 ArcCEnd 指令结束，而焊接中间点则用 ArcL 或 ArcC 指令。焊接过程中，不同的焊接指令可以使用不同的焊接参数。

3. Seam 指令

Seam 指令定义了起弧和收弧时的相关参数，主要参数包括 Purge_time、Preflow_time、Post_time，各参数含义如表 5-11 所示。

表 5-11 Seam 参数含义

弧焊参数（指令）	指令定义的参数含义
Purge_time	保护气管路的预充气时间，单位为 s
Preflow_time	保护气的预吹气时间
Post_time	收弧后保护气体的吹气时间（为防止焊缝氧化）

4. Weld 指令

Weld 指令用于定义焊缝的焊接参数，各参数的含义如表 5-12 所示。

表 5-12　Weld 参数含义

弧焊参数（指令）	指令定义的参数含义
Weld_speed	焊缝的焊接速度，单位为 mm/s
Weld_voltage	焊缝的焊接电压，单位为 V
Weld_wirefeed	焊接时送丝系统的送丝速度，单位为 m/min

5. Weave 指令

Weave 指令是弧焊参数的一种，定义摆动参数，含义如表 5-13 所示。

表 5-13　Weave 参数含义

弧焊参数（指令）		指令定义的参数含义
Weave_shape（焊枪摆动类型）	0	无摆动
	1	平面锯齿形摆动
	2	空间 V 字形摆动
	3	空间三角形摆动
Weave_type（机器人摆动方式）	0	机器人所有的轴均参与摆动
	1	仅手腕参与摆动
Weave_length		摆动一个周期的长度
Weave_width		摆动一个周期的宽度
Weave_height		空间摆动一个周期的高度

6. 典型语句的示例

ArcLStart p10，v200，seam1，weld1，fine，tool0；

ArcLStart：直接移动焊枪焊接。

p10：目标点位置。

v200：单步运行时的焊枪移动速度，在焊接过程中被 weld_speed 取代。

fine：zonedata，同普通的 Move 指令，但焊接指令中一般均用 fine。

tool0：tooldata，同普通的 Move 指令，定义工具坐标系参数，一般不用修改。

任务实施

机器人进行焊接示教编程的操作步骤如表 5-14 所示。

表 5-14 焊接示教编程的操作步骤

步骤1：首先在工作台上，安装要焊接的工件	步骤2：在机器人示教器上，单击"ABB"按钮，进入主菜单，然后单击"程序编辑器"选项，在弹出的提示界面中，单击"新建"按钮，以新建程序模块
	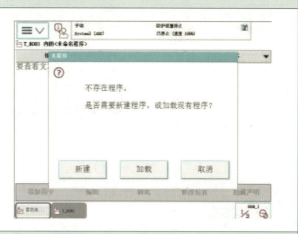
步骤3：单击"例行程序"选项栏进入例行程序的创建，单击"文件"菜单，选择"新建例行程序"，进入程序编辑界面	步骤4：单击"添加指令"下拉列表，选择"Motion&Proc"命令
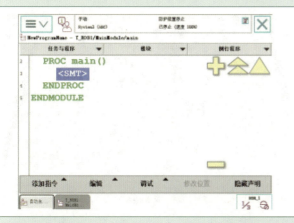	
步骤5：手动操作机器人，将其移动到p10点（焊接开始点）	步骤6：添加指令"ArcLStart"，第一个"EXP"，选择"seam1"焊接电流，然后单击"确定"按钮
	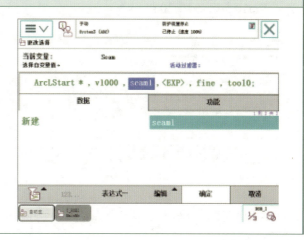

步骤7：第二个"EXP"选择"weld1"焊接电压，然后单击"确定"	步骤8：双击"*"，"*"代表着目标点，机器人已经在起始点p10位置，双击则会进入数据点名称设置界面

步骤9：单击"新建"，进入数据点编辑界面，这里名称命名为"p10"，然后单击"确定"按钮	步骤10：手动操作机器人，将其移至p20点（焊接中间点）
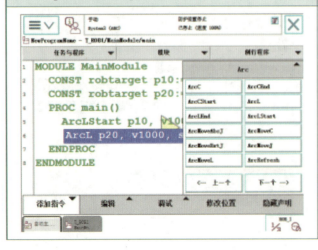	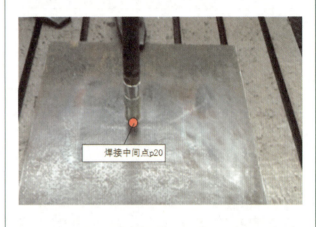
步骤11：在示教器上添加指令"ArcL"，使机器人从p10点运动到p20点	步骤12：手动操作机器人，将其移至P30点（焊接结束点）

项目五　搬运码垛、焊接单元设计与实现

续表

步骤13：在示教器上添加焊接指令"ArcLEnd"，参数设置可以参考前面焊接指令"ArcLStart"	步骤14：手动操作机器人移动至焊接开始点上方p40作为焊接作业临近点，并在程序"ArcLStart"上方添加指令"MoveL"或"MoveJ"
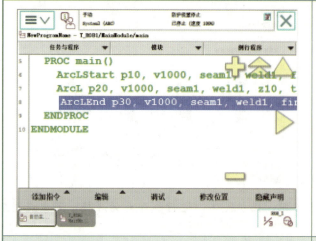	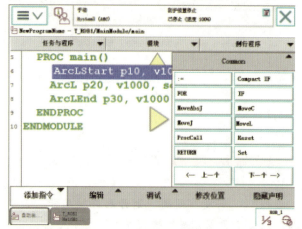
步骤15：在"MoveL"程序一行修改速度，双击"v1000"，选中"v200"，单击"确定"按钮	步骤16：同样，移动机器人至焊接结束点上方p50作为焊枪规避点，添加指令"MoveL"或"MoveJ"
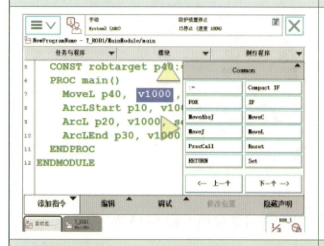	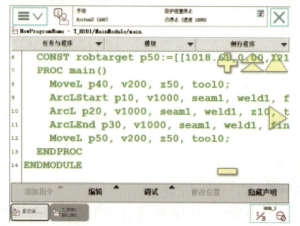
步骤17：至此，示教程序编辑完成，开始调试程序，单击"PP至例行程序"命令	步骤18：选中所要调试的程序，单击"确定"按钮
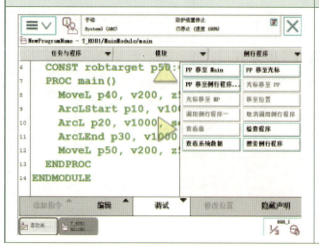	

123

续表

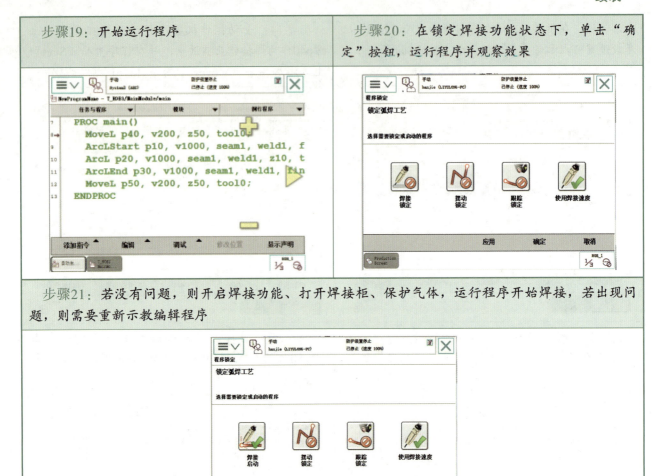

步骤19：开始运行程序

步骤20：在锁定焊接功能状态下，单击"确定"按钮，运行程序并观察效果

步骤21：若没有问题，则开启焊接功能、打开焊接柜、保护气体，运行程序开始焊接，若出现问题，则需要重新示教编辑程序

任务测评

对本任务的知识掌握与技能运用情况进行测评，并将结果填入表5-15内。

表5-15 任务测评表

项目	序号	测评内容	自我评价	教师评价
基础素养（30分）	1	无迟到、无早退、无旷课（10分）		
	2	团结协作能力、沟通能力（10分）		
	3	安全规范操作（10分）		
知识掌握与技能运用（70分）	1	正确定义I/O信号（10分）		
	2	正确建立RAPID程序（50分）		
	3	正确调试程序（10分）		
综合评价				

参考文献

[1] 邓三鹏，周旺发，祁宇明. ABB工业机器人编程与操作[M]. 北京：机械工业出版社，2018.

[2] 叶晖. 工业机器人实操与应用技巧[M]. 2版. 北京：机械工业出版社，2017.

[3] 邢美峰. 工业机器人操作与编程[M]. 北京：电子工业出版社，2016.

[4] 田贵福，林燕文. 工业机器人现场编程（ABB）[M]. 北京：机械工业出版社，2017.

[5] 王晓勇，武昌俊，许妍妩. 工业机器人工作站操作与应用[M]. 北京：高等教育出版社，2021.

[6] 崔陵. 工业机器人编程与操作实训[M]. 北京：高等教育出版社，2021.

[7] 北京华航唯实机器人科技股份有限公司. 工业机器人集成应用（ABB）初级[M]. 北京：高等教育出版社，2021.

附录

RAPID程序指令与功能简述

1. 程序执行的控制指令

附表1　程序调用指令与说明

指令	说明
ProcCall	调用例行程序
CallByVar	通过带变量的例行程序名称调用例行程序
RETURN	返回原例行程序

附表2　例行程序内的逻辑控制指令与说明

指令	说明
Compact IF	如果条件满足，就执行下一条指令
IF	当满足不同的条件时，执行对应的程序
FOR	根据指定的次数，重复执行对应的程序
WHILE	如果条件满足，重复执行对应的程序
TEST	对一个变量进行判断，从而执行不同的程序
GOTO	跳转到例行程序内标签的位置
Lable	跳转标签

附表3　停止程序执行指令与说明

指令	说明
Stop	停止程序执行
EXIT	停止程序执行并禁止在停止处再开始
Break	临时停止程序的执行，用于手动调试
SystemStopAction	停止程序执行与机器人运动

续表

指令	说明
ExitCycle	中止当前程序的运行并将程序指针 PP 复位到主程序的第一条指令。如果选择了程序连续运行模式，程序将从主程序的第一句重新执行

2. 变量指令

附表 4　赋值指令与说明

指令	说明
:=	对程序数据进行赋值

附表 5　等待指令与说明

指令	说明
WaitTime	等待一个指定的时间，程序再往下执行
WaitUntil	等待一个条件满足后，程序继续往下执行
WaitDI	等待一个输入信号状态为设定值
WaitDO	等待一个输出信号状态为设定值

附表 6　程序注释指令与说明

指令	说明
Comment	对程序进行注释

附表 7　程序模块加载指令与说明

指令	说明
Load	从机器人硬盘加载一个程序模块到运行内存
UnLoad	从运行内存中卸载一个程序模块
StartLoad	在程序执行的过程中，加载一个程序模块到运行内存中
WaitLoad	当 StartLoad 使用后，使用此指令将程序模块连接到任务中使用
CancelLoad	取消加载程序模块
CheckProgRef	检查程序引用
Save	保存程序模块
EraseModule	从运行内存删除程序模块

附表 8　变量功能

指令	说明
TryInt	判断数据是否是有效的整数
OpMode	读取当前机器人的操作模式
RunMode	读取当前机器人程序的运行模式
NonMotionMode	读取程序任务当前是否是无运动的执行模式
Dim	获取一个数组的维数
Present	读取带参数例行程序的可选参数值
IsPers	判断一个参数是否是可变量

附表 9　转换功能指令与说明

指令	说明
StrToByte	将字符串转换为指定格式的字节数据
ByteToStr	将字节数据转换为字符串

3. 运动设定

附表 10　速度设定指令与说明

指令	说明
MaxRobSpeed	获取当前型号机器人可实现的最大工具中心点速度
VelSet	设定最大的速度与倍率
SpeedRefresh	更新当前运动的速度倍率
AccSet	定义机器人的加速度
WorldAccLim	设定大地坐标中工具与载荷的加速度
PathAccLim	设定运动路径中工具中心点的加速度

附表 11　轴配置管理指令与说明

指令	说明
ConfJ	关节运动的轴配置控制
ConfL	线性运动的轴配置控制

附表 12　奇异点的管理指令与说明

指令	说明
SingArea	设定机器人运动时，在奇异点的插补方式

附表 13　位置偏置指令与说明

指令	说明
PDispOn	激活位置偏置
PDispSet	激活指定数值的位置偏置
PDispOff	关闭位置偏置
EOffsOn	激活外轴偏置
EOffsSet	激活指定数值的外轴偏置
EOffsOff	关闭外轴位置偏置
DefDFrame	通过三个位置数据计算出位置的偏置
DefFrame	通过六个位置数据计算出位置的偏置
ORobT	从一个位置数据删除位置偏置
DefAccFrame	从原始位置和替换位置定义一个框架

附表 14　软伺服指令与说明

指令	说明
SoftAct	激活一个或多个轴的软伺服功能
SoftDeact	关闭软伺服功能

附表 15　机器人参数调整指令与说明

指令	说明
TuneServo	伺服调整
TuneReset	伺服调整复位
PathResol	几何路径精度调整
CirPathMode	在圆弧插补运动时，调整工具姿态的变换方式

附表16　空间监控管理指令与说明

指令	说明
WZBoxDef	定义一个方形的监控空间
WZCylDef	定义一个圆柱形的监控空间
WZSphDef	定义一个球形的监控空间
WZHomeJointDef	定义一个关节轴坐标的监控空间
WZLimJointDef	定义一个限定为不可进入的关节轴坐标监控空间
WZLimSup	激活一个监控空间并限定为不可进入
WZDOSet	激活一个监控空间并与一个输出信号关联
WZEnable	激活一个临时的监控空间
WZFree	关闭一个临时的监控空间

4. 运动控制指令

附表17　机器人运动控制指令与说明

指令	说明
MoveC	工具中心点圆弧运动
MoveJ	关节运动
MoveL	工具中心点线性运动
MoveAbsJ	轴绝对角度位置运动
MoveExtJ	外部直线轴和旋转轴运动
MoveCDO	工具中心点圆弧运动的同时触发一个输出信号
MoveJDO	关节运动的同时触发一个输出信号
MoveLDO	工具中心点线性运动的同时触发一个输出信号
MoveCSync	工具中心点圆弧运动的同时执行一个例行程序
MoveJSync	关节运动的同时执行一个例行程序

附表18　搜索指令与说明

指令	说明
SearchC	工具中心点圆弧搜索运动
SearchL	工具中心点线性搜索运动
SearchExtJ	外轴搜索运动

附表 19　指定位置触发信号与中断指令与说明

指令	说明
TrigglO	定义触发条件在一个指定的位置触发输出信号
TriggInt	定义触发条件在一个指定的位置触发中断程序
TriggCheckIO	定义一个指定的位置进行 I/O 状态的检查
TriggEquip	定义触发条件在一个指定的位置触发输出信号，并对信号响应的延迟进行补偿设定
TriggRampAO	定义触发条件在一个指定的位置触发模拟输出信号，并对信号响应的延迟进行补偿设定
TriggC	带触发事件的圆弧运动
TriggJ	带触发事件的关节运动
TriggL	带触发事件的线性运动
TriggLIOs	在一个指定的位置触发输出信号的线性运动
StepBwdPath	在 RESTART 的事件程序中进行路径的返回
TriggStopProc	在系统中创建一个监控处理，用于在 Stop 和 QStop 中需要信号复位和程序数据复位的操作
TriggSpeed	定义模拟输出信号与实际工具中心点速度之间的配合

附表 20　出错或中断时的运动控制指令与说明

指令	说明
StopMove	停止机器人运动
StartMove	重新启动机器人运动
StartMoveRetry	重新启动机器人运动及相关的参数设定
StopMoveReset	对停止运动状态复位，但不重新启动机器人运动
StorePath*	存储已生成的最近路径
RestoPath*	重新生成之前存储的路径
ClearPath	在当前的运动路径级别中，清空整个运动路径
PathLevel	获取当前路径级别
SyncMoveSuspend*	在 StorePath 的路径级别中暂停同步坐标的运动
SyncMoveResume*	在 StorePath 的路径级别中返回同步坐标的运动

附表21　外轴的控制指令与说明

指令	说明
DeactUnit	关闭一个外轴单元
ActUnit	激活一个外轴单元
MechUnitLoad	定义外轴单元的有效载荷
GetNextMechUnit	检索外轴单元在机器人系统中的名字
IsMechUnitActive	检查一个外轴单元状态是关闭还是激活

附表22　独立轴控制指令与说明

指令	说明
IndAMove	将一个轴设定为独立轴模式并进行绝对位置方式运动
IndCMove	将一个轴设定为独立轴模式并进行连续方式运动
IndDMove	将一个轴设定为独立轴模式并进行角度方式运动
IndRMove	将一个轴设定为独立轴模式并进行相对位置方式运动
IndReset	取消独立轴模式
IndInpos	检查独立轴是否已到达指定位置
IndSpeed	检查独立轴是否已到达指定的速度

附表23　路径修正功能指令与说明

指令	说明
CorrCon	连接一个路径修正生成器
CorrWrite	将路径坐标系中的修正值写到修正生成器
CorrDiscon	断开一个已连接的路径修正生成器
CorrClear	取消所有已连接的路径修正生成器
CorrRead	读取所有已连接的路径修正生成器的总修正值

附表24　路径记录功能指令与说明

指令	说明
PathRecStart	开始记录机器人的路径
PathRecStop	停止记录机器人的路径

指令	说明
PathRecMoveBwd	机器人根据记录的路径做后退动作
PathRecMoveFwd	机器人运动到执行 PathRecMoveBwd 这个指令的位置上
PathRecValidBwd	检查是否已激活路径记录和是否有可后退的路径
PathRecValidFwd	检查是否有可向前的记录路径

附表 25　输送链跟踪指令与说明

指令	说明
WaitWObj	等待输送链上的工件坐标
DropWObj	放弃输送链上的工件坐标

附表 26　传感器同步指令与说明

指令	说明
WaitSensor	将一个在开始窗口的对象与传感器设备关联起来
SyncToSensor	开始 / 停止机器人与传感器设备的运动同步
DropSensor	断开当前对象的连接

附表 27　有效载荷与碰撞检测指令与说明

指令	说明
MotionSup*	激活 / 关闭运动监控
LoadId	工具或有效载荷的识别
ManLoadId	外轴有效载荷的识别

附表 28　位置指令与说明

指令	说明
Offs	对机器人位置进行偏移
RelTool	对工具的位置和姿态进行偏移
CalcRobT	从 joittarget 计算出 robtarget
CPos	读取机器人当前的 X、Y、Z 坐标
CRobT	读取机器人当前的 robtarget

续表

指令	说明
CJointT	读取机器人当前的关节轴角度
ReadMotor	读取轴电动机当前的角度
CTool	读取工具坐标当前的数据
CWObj	读取工件坐标当前的数据
MirPos	用于反映一处位置的平移和旋转零件
CalcJointT	从 robtarget 计算出 jointtarget
Distance	计算两个位置的距离
PFRestart	用于检查路径是否已在电源故障时中断
CSpeedOverride	读取当前使用的速度倍率

5. 输入/输出信号的处理指令

附表29　对输入/输出信号的值进行设定指令与说明

指令	说明
InvertDO	对一个数字输出信号的值置反
PulseDO	数字输出信号进行脉冲输出
Reset	将数字输出信号置为 0
Set	将数字输出信号置为 1
SetAO	设定模拟输出信号的值
SetDO	设定数字输出信号的值
SetGO	设定组输出信号的值

附表30　读取输入/输出信号值指令与说明

指令	说明
AOutput	读取模拟输出信号的当前值
DOutput	读取数字输出信号的当前值
GOutput	读取组输出信号的当前值
TestDI	检查一个数字输入信号是否已置 1
ValidIO	检查 I/O 信号是否有效

续表

指令	说明
WaitDI	等待一个数字输入信号的指定状态
WaitDO	等待一个数字输出信号的指定状态
WaitGI	等待一个组输入信号的指定值
WaitGO	等待一个组输出信号的指定值
WaitAI	等待一个模拟输入信号的指定值
WaitAO	等待一个模拟输出信号的指定值

附表 31　I/O 模块的控制指令与说明

指令	说明
IODisable	关闭一个 I/O 模块
IOEnable	开启一个 I/O 模块

6. 通信指令

附表 32　示教器上人机界面的指令与说明

指令	说明
TPErase	清屏
TPWrite	在示教器操作界面上写信息
ErrWrite	在示教器事件日志中写报警信息并储存
TPReadFK	互动的功能键操作
TPReadNum	互动的数字键盘操作
TPShow	通过 RAPID 程序打开指定的窗口

附表 33　通过串口进行读写指令与说明

指令	说明
Open	打开串口
Write	对串口进行写文本操作
Close	关闭串口
WriteBin	写一个二进制数的操作

指令	说明
WriteAnyBin	写任意二进制数的操作
WriteStrBin	写字符的操作
Rewind	设定文件开始的位置
ClearIOBuff	清空串口的输入缓冲
ReadAnyBin	从串口读取任意的二进制数
ReadNum	读取数字量
ReadStr	读取字符串
ReadBin	从二进制串口读取数据
ReadStrBin	从二进制串口读取字符串

附表 34　Socket 通信指令与说明

指令	说明
SocketCreate	创建新的 Socket
SocketConnect	连接远程计算机
SocketSend	发送数据到远程计算机
SocketReceive	从远程计算机接收数据
SocketClose	关闭 Socket
SocketGetStatus	获取当前 Socket 状态

7. 中断程序指令

附表 35　中断设定指令与说明

指令	说明
CONNECT	连接一个中断符号到中断程序
ISignalDI	使用一个数字输入信号触发中断
ISignalDO	使用一个数字输出信号触发中断
ISignalGI	使用一个组输入信号触发中断
ISignalGO	使用一个组输出信号触发中断
ISignalAI	使用一个模拟输入信号触发中断

指令	说明
ISignalAO	使用一个模拟输出信号触发中断
ITimer	计时中断
TriggInt	在一个指定的位置触发中断
IPers	使用一个可变量触发中断
IError	当一个错误发生时触发中断
IDelete	取消中断

附表36　中断的控制指令与说明

指令	说明
ISleep	关闭一个中断
IWatch	激活一个中断
IDisable	关闭所有中断
IEnable	激活所有中断

8. 系统相关的指令

附表37　时间控制指令与说明

指令	说明
ClkReset	计时器复位
ClkStart	计时器开始计时
ClkStop	计时器停止计时
ClkRead	读取计时器数值
ClkDate	读取当前日期
ClkTime	读取当前时间
GetTime	读取当前时间为数字型数据

9. 数学运算指令

附表38 简单运算指令与说明

指令	说明
Clear	清空数值
Add	加或减操作
Incr	加 1 操作
Decr	减 1 操作

附表39 算数指令与说明

指令	说明
Abs	取绝对值
Round	四舍五入
Trunc	舍位操作
Sqrt	计算二次根
Exp	计算指数值 e^x
Pow	计算指数值
ACos	计算圆弧余弦值
ASin	计算圆弧正弦值
ATan	计算圆弧正切值 [-90, 90]
ATan2	计算圆弧正切值 [-180, 180]
Cos	计算余弦值
Sin	计算正弦值
Tan	计算正切值
EulerZYX	从姿态计算欧拉角
OrientZYX	从欧拉角计算姿态